1日10分で脳が若返り！

ボケない人になるドリル

認知症を遠ざける、楽しい頭のストレッチ

脳活性トレーナー
追手門学院大学客員教授
児玉光雄

河出書房新社

カバーデザイン●スタジオ・ファム
カバーイラスト●朝倉めぐみ
本文イラスト●角 愼作
図版作成●WADE
●AKIBA

はじめに

オモシロ問題を楽しむうちに、脳がみるみる若返っていく！

この本との出会いが、あなたの運命を変えるかもしれません。

私はこれまで数多くの脳トレ本を刊行してきましたが、この本は、とくに40歳以上の〝認知《にんち》症が気になりはじめた世代〟の人たちを対象に、問題を精選しました。

「テレビに久しぶりに出てきたナツメロ歌手の名前が思い出せない」「以前は覚えていた歴史上の人物の名前が出てこない」。こんな症状を自覚したとき、あなたはすでに認知症予備軍の仲間入りをしています。

ここにカナディアン・メディカル・アソシエーション・ジャーナルの報告があります。トロント大学で大規模な調査がおこなわれました。「認知症の発症リスクを下げるものは何か？」というテーマで、65歳以上の患者２万5000人を対象に実施された実験です。

実験の種類は、栄養を補填《ほてん》するサプリメント、運動、脳トレパズルなど、32種類でした。

その結果、**「脳トレパズルを解くことが、もっとも認知症の発症リスクを下げる」**という事実が判明したのです。同時に、**「その訓練を継続し続けないと効果が期待できない」**という結論も出ました。

つまり、脳を刺激するドリルを定期的に解くことが、脳の活性化を促進し、痴呆《ちほう》防止に貢献してくれるのです。

この本を活用することにより、あなたの脳は活発になり、快適な毎日を送れることでしょう。

2015年１月　　　　　　　　　　　　　　　　　　　　児玉光雄

《ボケない人になるドリル●もくじ》

プロローグ

書き込み式ドリルが脳に「想起作業」をさせ廃用型痴呆を防ぐ！

私たちが「ボケ」と呼んでいる症状は、医学的には「痴呆」と定義づけられ、厚生労働省は「認知症」と呼ぶことを提唱しています。

痴呆症とは、「いったん完成された脳が、何らかのきっかけで広範囲に障害され、認識・判断・決断といった、人間が本来おこなう脳の神経機能がうまく働かなくなり、その結果、家庭生活や社会生活に支障をきたした状態」と定義されています。

なかでも、顕著《けんちょ》なのが「廃用《はいよう》型痴呆」で、痴呆全体の９割を占《し》めています。人間の身体は、骨でも筋肉でも、長期間使わないと、着実に組織が衰《おとろ》えて細く弱くなっていく性質があります。これを「廃用性萎縮《いしゅく》」と呼んでいます。脳もまったく同じこの性質を持っています。

長期間にわたって脳を積極的に使わないことにより起こるのが、「脳の廃用性萎縮」によって発生する廃用型痴呆です。つまり、脳は、骨でも筋肉でも、あるいは自身の脳細胞でも、「使われていないものはもはや不必要!!」と考えて死滅させてしまうのです。

医学的には、痴呆を発症すると、二種類の障害が起こります。いわゆるもの忘れに代表される記憶障害と意欲の低下です。一般的に、前者は大脳後部の障害によって引き起こされ、後者は大脳前部にある前頭前野《ぜんとうぜんや》の機能低下がおもな原因です。

記憶を定着させるには、３つの要素を経《へ》なければなりません。それらは、記銘《きめい》（脳への書き込み）、保持（書き込まれた情報の保管）、想起《そうき》（保管された情報の出力）です。

なかでも長期記憶に重要なのは想起です。中高年の方々にとって不足しているのは、想起作業です。その反動として感じられる典型例は、ど忘れでしょう。

たとえば、テレビになつかしい芸能人が出演したとき、「顔は覚えているのに名前がどうしても出ない」ことが多いことに気づくはずです。これは、記銘・保持されている名前を想起できないからです。

廃用型痴呆を防止する上で有効な方法のひとつは、脳トレ問題を解くことであり、そのなかでも、想起作業はとくに重要です。最近の東京都健康長寿医療センターの実験結果でも、「想起作業を鍛《きた》えれば、痴呆の発症を遅らせることが可能である」という事実が判明しています。

この本を活用して日々想起する習慣を身につければ、間違いなくあなたの脳は活性化され、廃用性萎縮とは無縁の脳にしてくれるはずです。

この本は徹底して、すでにあなたの脳内に存在する知識を想起する作業を鍛えるように工夫されています。しかも、ただ口頭で解答するのではなく、実際に手を動かして解答を記入する作業が、想起作業をなおいっそう補強し、脳の活性化に貢献してくれるのです。

この本に直接エンピツで解答を記入してもいいのですが、**しばらく時期を置いて、繰り返し同じ問題を解けば、その効果はなおいっそう高まります。**たとえば、その日挑戦する問題をコピーして、その用紙に自らの手で解答を書き込んだり、別に解答ノートを用意して記入するなどして、繰り返し何度も問題を解いてください。

この本には敢《あ》えて制限時間は設けてはいませんが、**初級問題と中級問題は7分～10分、そして上級問題は10分～15分を目安**に解いてください。また、多くの問題は、**答えの文字数によって解答欄の大きさを変えています**ので、それをヒントに答えてください。

もちろん、わからないからといって安易に解答を見るのではなく、**精一杯考えて、どうしてもわからない時には、その日の問題をすべて解答してから答えのページを見てください。**もちろん、自分で解くだけでなく、家族全員で取り組むことにより、やる気も高まるはずです。

楽しみながら脳の活性化を促進してくれるこの本が、あなたの痴呆予防の一翼《いちよく》を担《にな》ってくれることは間違いありません。

初級編

【STEP 1】～【STEP4】の20日間

1日ぶんを解いたら、
□に✓を入れていきましょう。

【STEP 1】
1日め …………… □
2日め …………… □
3日め …………… □
4日め …………… □
5日め …………… □

【STEP2】
6日め …………… □
7日め …………… □
8日め …………… □
9日め …………… □
10日め ………… □

【STEP3】
11日め ………… □
12日め ………… □
13日め ………… □
14日め ………… □
15日め ………… □

【STEP4】
16日め ………… □
17日め ………… □
18日め ………… □
19日め ………… □
20日め ………… □

問1

□に、それぞれ＋か－を入れて、計算式を完成させてください。

❶7□3□1＋4＝9

❷4＋3□5□6＝6

❸7□2□3－4＝8

❹6□1□4＋5＝6

❺5□2＋5□1＝11

問2

8枚の10円玉で正方形を作りました。
この正方形の縦・横の列はすべて
合計が30円になっています。

それでは、縦、横の列がすべて
40円になる正方形を8枚の10円玉を
使って作ってください。

問3

下線を引いた漢字には、間違いがあります。正しく直してください。

❶携帯の電原を入れる。…………………………

❷友達におすすめの本を借す。…………………………

❸急救車がサイレンを鳴らしながら走っていく。…………………………

❹彼女と会うのは、率業以来です。…………………………

❺官理のゆきとどいた施設。…………………………

問4

[　　]の中に適切な語句を入れてください。

❶[　　]は、十七条の憲法や冠位十二階を制定した。

❷1543年、ポルトガル人の乗った船が種子島に漂着し、[　　]が初めて日本に持ち込まれた。

❸1549年、イエズス会の宣教師[　　]が、日本に初めてキリスト教を伝えた。

❹[　　]は室町幕府を倒し、安土城を築いた。

❺江戸時代の三大改革とは、享保の改革、寛政の改革、[　　]の改革である。

問5

[　　]の中に適切な英単語を入れてください。

❶便りのないのは良い便り→ [　　] news is good news.

❷終わり良ければすべて良し→ All is well that [　　] well.

❸蒔《ま》かぬ種は生えぬ→ No pain, no [　　].

❹弱い犬ほどよく吠える→ Barking dog seldom [　　].

❺悪銭《あくせん》身につかず→ Easy [　　], easy go.

問6

[　　]の中に適切な語句を入れてください。

❶漫画『サザエさん』の作者は[　　]である。

❷歌謡界で国民栄誉賞を受賞した4人の作曲家とは、服部良一、吉田正、遠藤実、[　　]である。

❸『風立ちぬ』等のアニメ映画で知られる映画監督は[　　]である。

❹アイドルの「AKB48」をプロデュースした人物は[　　]である。

1日めの答えは18ページ

問1

立方体4個でできている物体があります。
あらゆる方向から見て、
立方体の表面の正方形は
合計でいくつ見えるでしょう。
ただし、床についている面は
数えません。

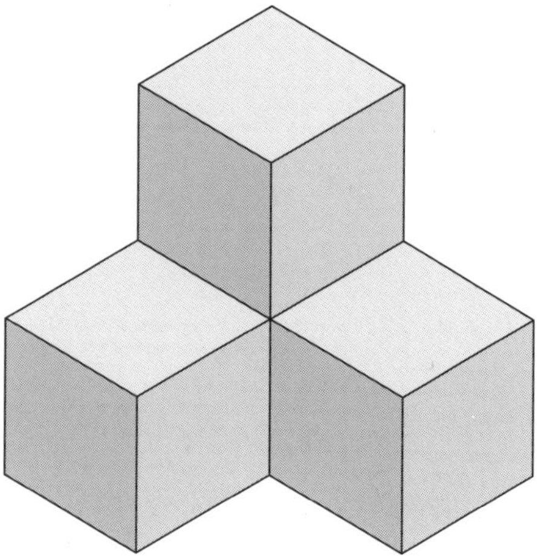

解答欄

問2

漢字1文字が3分割されています。もとの漢字はそれぞれ何でしょう。

❶

解答欄

❷

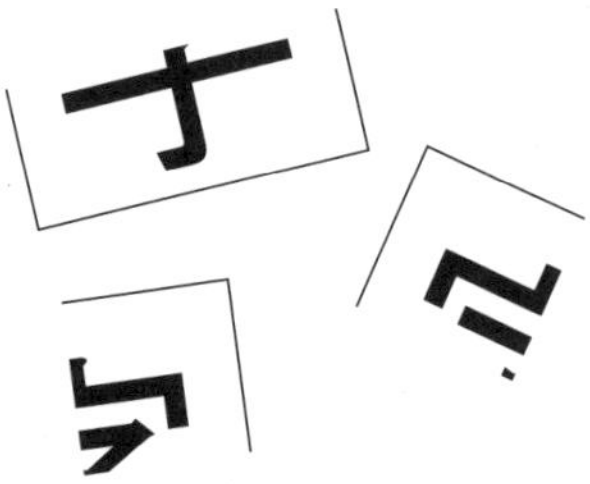

解答欄

❸

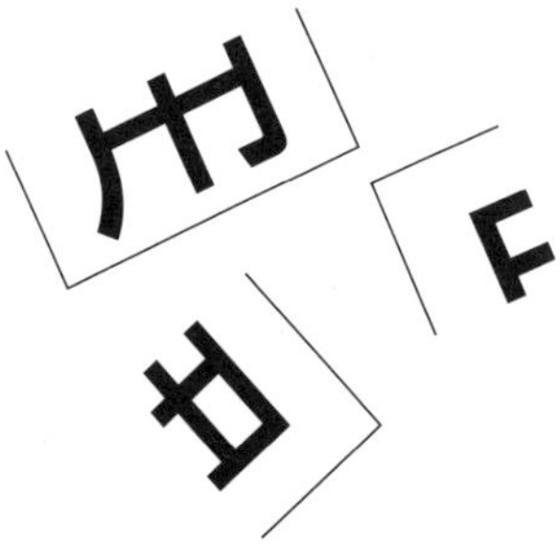

解答欄

問3

の中に適切な語句を入れてください。

❶ドライアイスのような固体から、気体になることを　と呼ぶ。

❷空気の約8割を占めている気体は　である。

❸　を含む化合物を、有機化合物と呼ぶ。

❹　の零度はマイナス273度である。

問4

次の❶～❻は、東北地方の6県です。県名を解答欄に記入してください。

❶
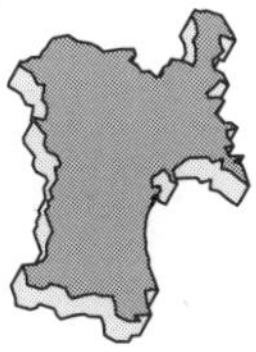
県

❷
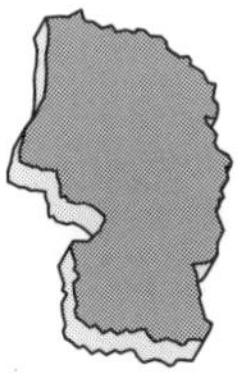
県

❸
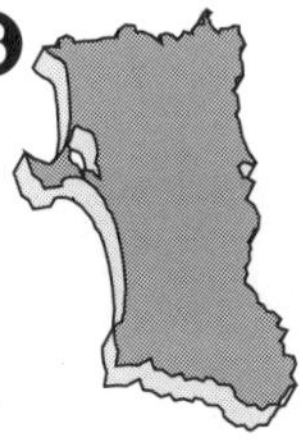
県

❹
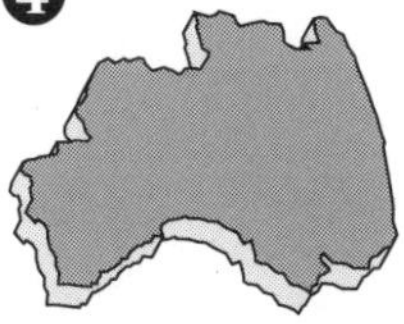
県

❺
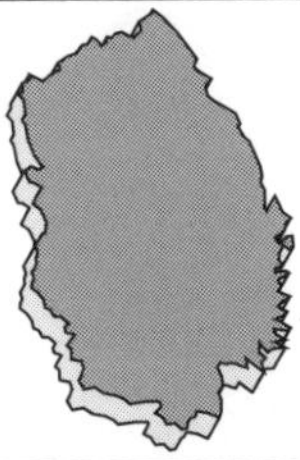
県

❻
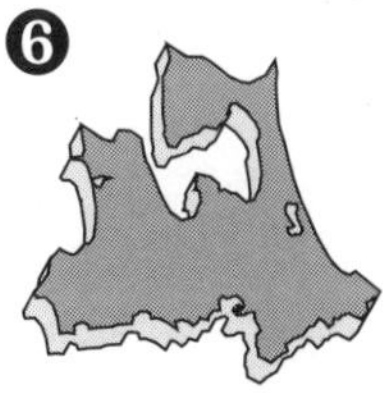
県

問5

に適切な語句を入れてください。

❶カンヌ映画祭の最高賞は　である。

❷米映画の三大喜劇王は、　、バスター・キートン、ハロルド・ライトである。

❸サスペンスの神様と呼ばれる映画監督は　である。

❹1950年代末にフランスで起こり、日本の映画界にも影響を与えた新しい映画の潮流のことを、　と呼ぶ。

2日めの答えは18ページ

問1

次の漢字の中から、下の□に入る文字を選び、四字熟語を完成させてください。同じ漢字を2回使ってもかまいません。

中　面　二　鳥　温

四　霧　択　寒　者　里

歌　石　一　楚

❶一□□□　❷二□□□　❸三□□□

❹四□□□　❺五□□□

問2

4枚の10円玉があります。すべての10円玉が、それぞれほかの3枚の10円玉とくっつくように並べ替えてください。

問3

つまようじ4本で正方形を作りました。これに4本のつまようじを足して、三角形を8つ作ってください。

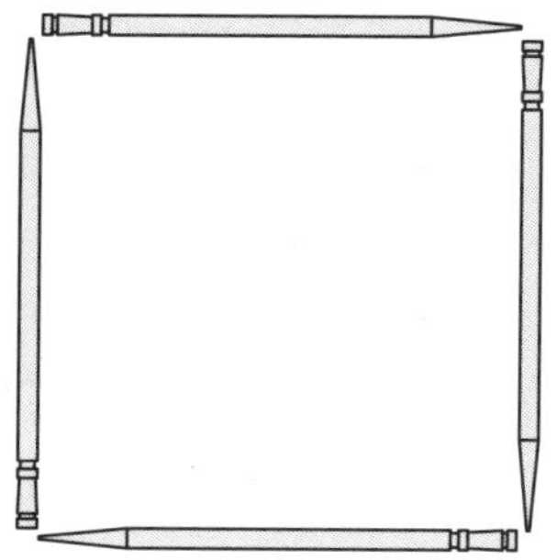

問4

47都道府県のうち、海に面していない県を5つ挙げて、
[　　　]に記入してください。

❶ [　　　]県　　❷ [　　　]県

❸ [　　　]県　　❹ [　　　]県

❺ [　　　]県

問5

[　　　]の中に適切な英単語を入れてください。

❶蛙の子は蛙→ Like [　　　], like son.

❷能ある鷹は爪を隠す→ Still waters [　　　] deep.

❸必要は発明の母→ Necessity is the mother of [　　　].

❹あつものに懲《こ》りてなますを吹く→ Once bitten, [　　　] shy.

❺触らぬ神に祟《たた》りなし→ [　　　] not a sleeping lion.

問6

[　　　]に適切な語句を入れてください。

❶テニスの世界四大大会とは、全豪、全英、全米と[　　　]である。

❷競馬のクラシック三冠レースとは、皐月《さつき》賞、ダービー、[　　　]である。

❸ゴルフの四大大会とは、全米オープン、全英オープン、全米プロ、そして[　　　]である。

❹フランスおよび、その周辺国で開催される世界最大の自転車ロードレースは[　　　]と呼ばれる。

3日めの答えは18ページ

問1

［　　　　］に適切な語句を入れてください。

❶ 1853年、アメリカのペリーが浦賀に来航し、翌年、幕府と［　　　　］条約を結んだ。

❷ わが国は1885年に内閣制度が開始され、初代総理大臣に［　　　　］が任命された。

❸ 1904年に勃発《ぼつぱつ》した［　　　　］戦争は、ポーツマス条約により日本が勝利して終結した。

❹ 1945年、［　　　　］宣言の受諾《じゆだく》により、日本は終戦を迎えた。

❺ 1951年、旧連合国48か国と日本による［　　　　　　］講和（平和）条約が締結され、日本の独立が回復した。

問2

9枚の10円玉で、それぞれの辺の10円玉が4枚ずつになる正三角形を作りました。それでは、この9枚を並べ替えて、それぞれの辺の10円玉が5枚ずつの正三角形を作ってください。

問3

立方体5個でできている物体があります。
あらゆる方向から見て、立方体の表面の正方形は
合計でいくつ見えるでしょう。
ただし、床についている面は数えません。

解答欄

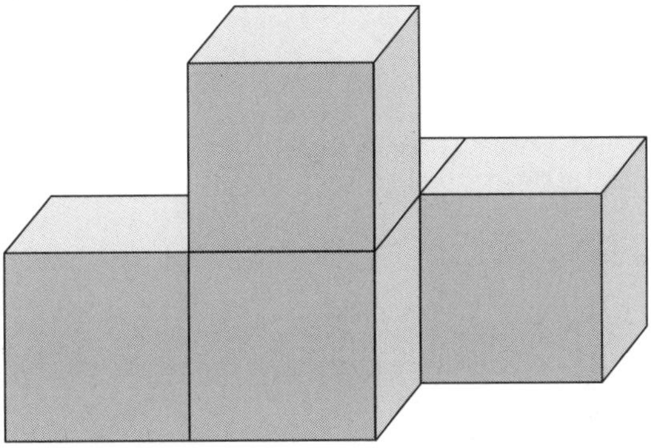

問4

次の物はどの植物から作られているでしょうか？　下の選択肢から
選んでください。ただし、1つだけ不要な植物が含まれています。

❶畳……………
❷キャンバス……
❸Tシャツ………
❹障子紙…………
❺カゴ……………

【選択肢】

イグサ　麻　竹　綿　麦　コウゾ

問5

下線を引いた漢字には、間違いがあります。正しく直してください。

❶建康に気をつけた食生活を心がける。…………………………
❷価植のある絵画を見る。…………………………………
❸大好きな映画を緑画する。………………………………
❹就織活動をはじめる。……………………………………
❺2学期より成積が上がった。………………………………

4日めの答えは18ページ

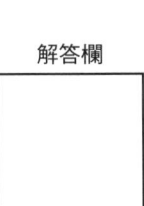

問1

□にアルファベットを入れて、クロスワードパズルを完成させてください。

① M		② L	
	■		■
③	④		⑤
■		■	

〈横に入る単語〉
①：長さの単位　　③：ため息

〈縦に入る単語〉
①：女性(既婚者)の総称　②：丸太
④：「～の中」という意味の英語
⑤：「やあ」という挨拶

問2

漢字1文字が3分割されています。もとの漢字はそれぞれ何でしょう。

❶

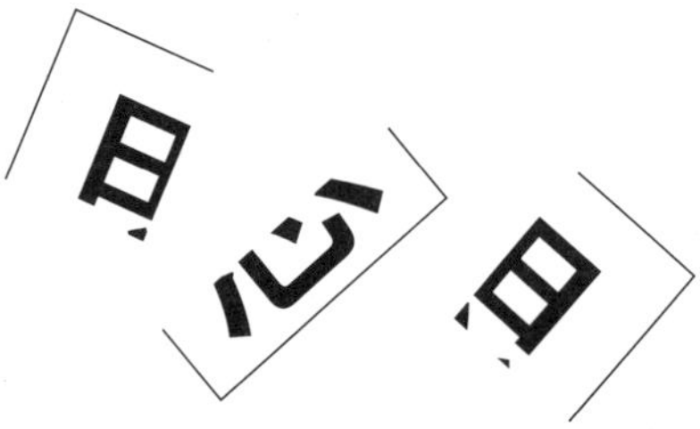

解答欄

❷

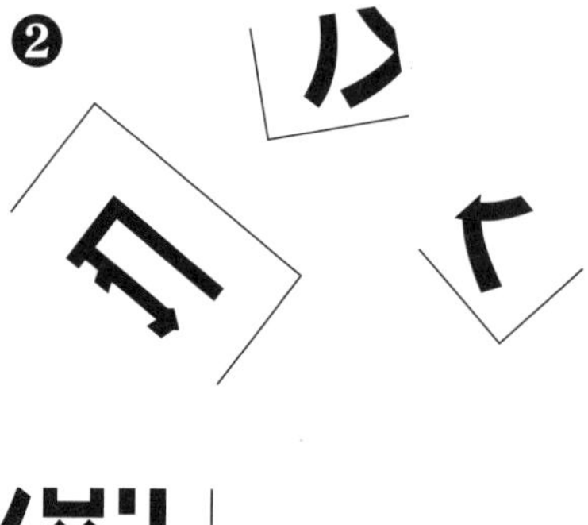

解答欄

❸

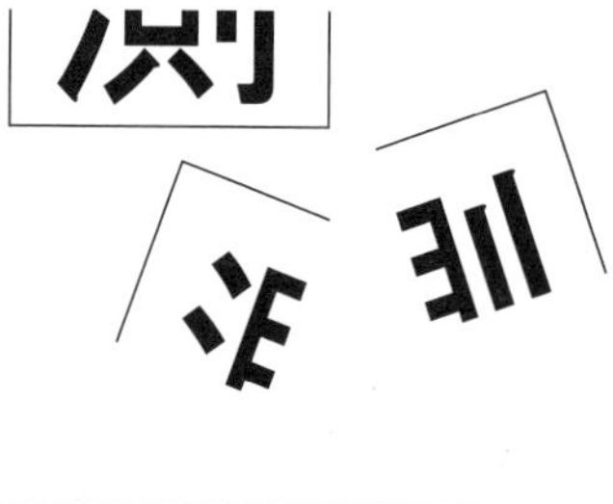

解答欄

問3

下の地図に示した県には、それぞれ全国生産量1位の特産物があります。
❶～❼から選び、番号と特産物の名前を記入してください。

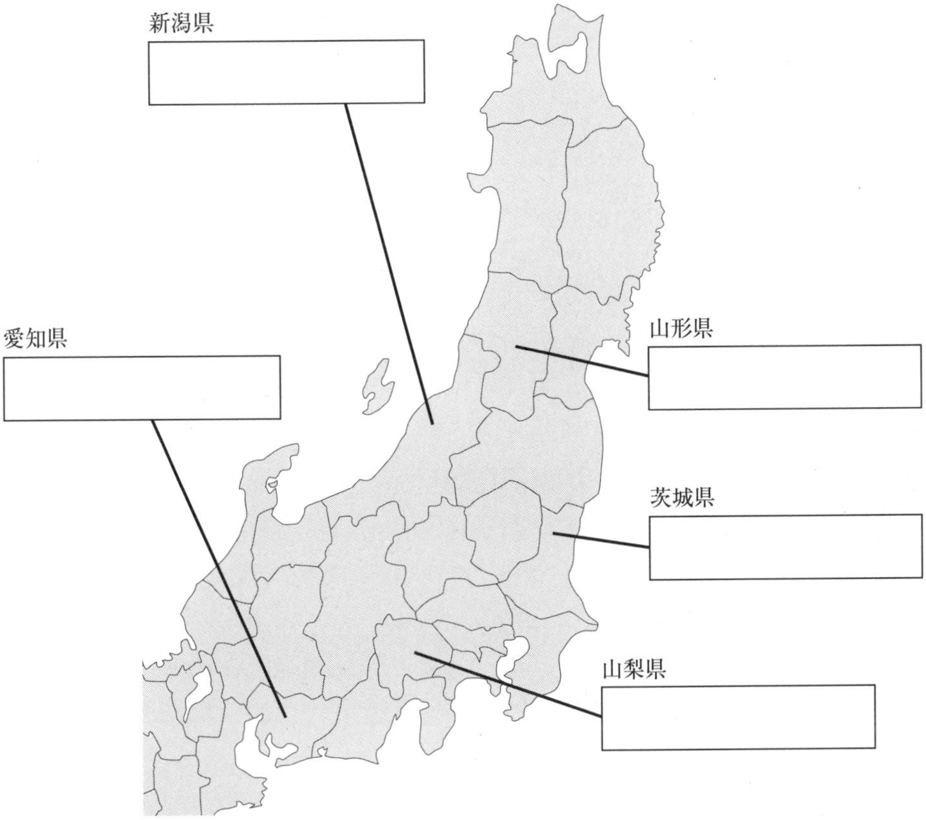

❶なめこ·まいたけ　❷レタス　❸鶏卵　❹桃
❺さくらんぼ　❻キャベツ　❼あさり

問4

8本のつまようじを使って、正方形を作りました。さらに3本のつまようじを使い、この正方形が2つの同じ大きさ、同じ形になるように分けてください。

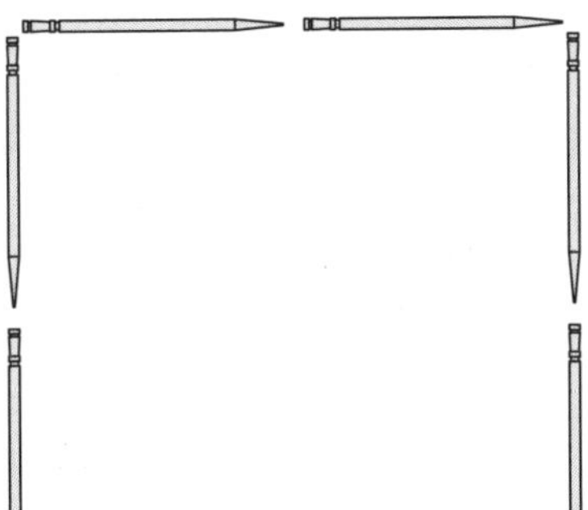

5日めの答えは19ページ

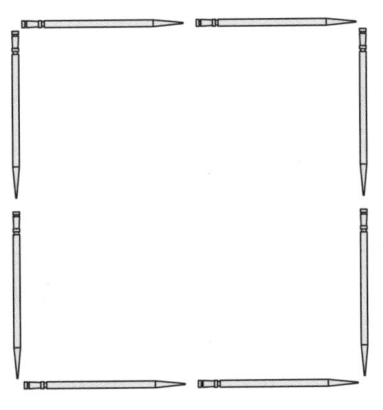

STEP1（1日め～5日め）の答え

1日め

問1	問2	問3	問4	問5	問6
❶－、＋ ❷＋、－ ❸＋、＋ ❹－、－ ❺＋、－	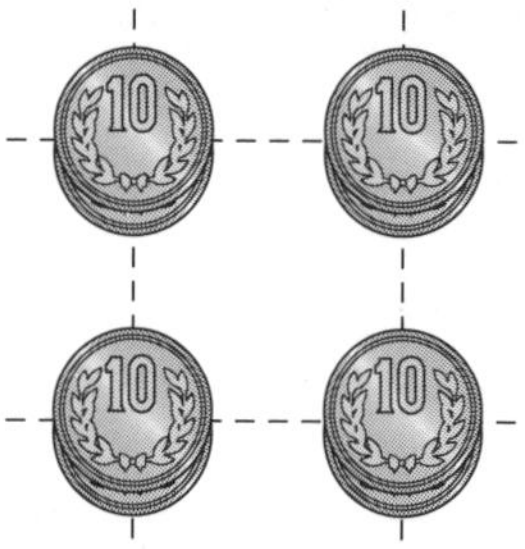 10円玉を2枚ずつ重ねて正方形を作ればいいのです。	❶電源 ❷貸す ❸救急車 ❹卒業 ❺管理	❶聖徳太子 ❷鉄砲 ❸フランシスコ・ザビエル ❹織田信長 ❺天保	❶No ❷ends ❸gain ❹bites ❺come	❶長谷川町子 ❷古賀政男 ❸宮崎駿 ❹秋元康

2日め

問1	問2	問3	問4	問5
15 東西南北の4方向からと、真上から見た立方体の表面の数は、すべて3つです。	❶気 ❷字 ❸用	❶昇華 ❷窒素 ❸炭素 ❹絶対温度	❶宮城 ❷山形 ❸秋田 ❹福島 ❺岩手 ❻青森	❶パルムドール ❷チャールズ・チャップリン ❸アルフレッド・ヒッチコック ❹ヌーベルバーグ

3日め

問1	問2	問3	問4	問5	問6
❶一石二鳥 ❷二者択一 ❸三寒四温 ❹四面楚歌 ❺五里霧中		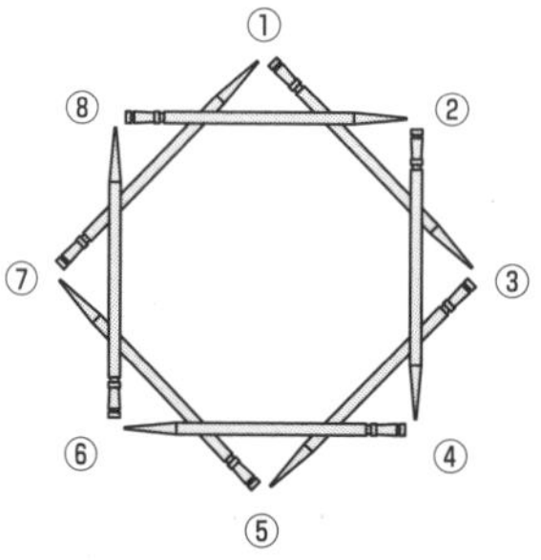	群馬、栃木、埼玉、山梨、長野、岐阜、滋賀、奈良のうちの5つの県が書ければOK。	❶father ❷run ❸invention ❹twice ❺Wake	❶全仏 ❷菊花賞 ❸マスターズ ❹ツール・ド・フランス

4日め

問1	問2	問3	問4	問5
❶日米和親 ❷伊藤博文 ❸日露 ❹ポツダム ❺サンフランシスコ	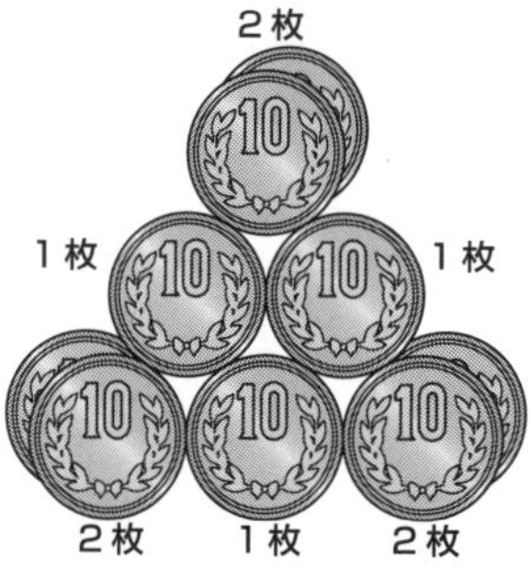	18	❶イグサ ❷麻 ❸綿 ❹コウゾ ❺竹	❶健康 ❷価値 ❸録画 ❹就職 ❺成績

5日め

問1

① M	I	② L	E
R	■	O	■
③ S	④ I	G	⑤ H
■	N	■	I

問2

❶思
❷反
❸測

問3

新潟県→❶なめこ・まいたけ
愛知県→❻キャベツ
山形県→❺さくらんぼ
茨城県→❸鶏卵
山梨県→❹桃

問4

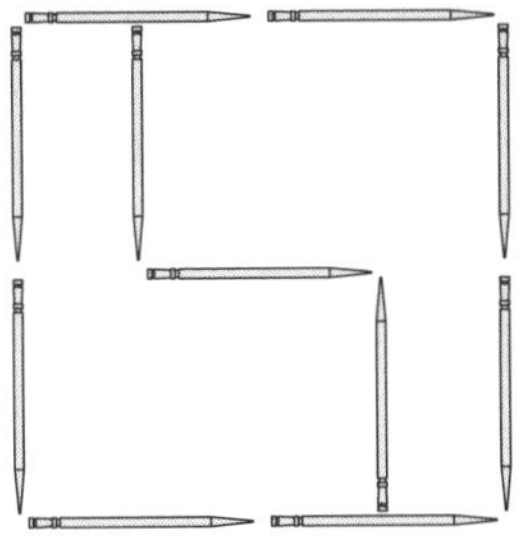

3本のつまようじを加えると、同じ大きさで同じ形に分けられます。

チャレンジ！おまけでQ

Q1

右の図は、とある大邸宅のプールを上空真上から見下ろしたものです。正方形のプールの四隅には、大きな木が植えられています。
この木を切ったり、移動することなく、
さらに正方形のまま２倍の広さになるよう、
プールを改造してください。

Q2

迷路にチャレンジ！
直接、書き込みながら
GOALを目指して
ください。

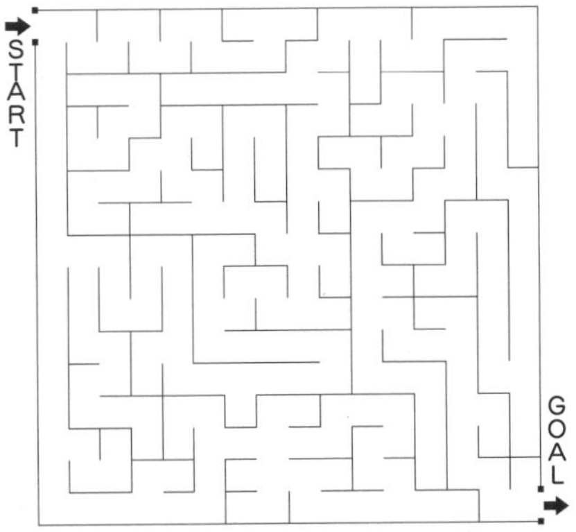

Q1の答え

図のように改造すれば、
面積が2倍の正方形の
プールになります。

Q2の答え

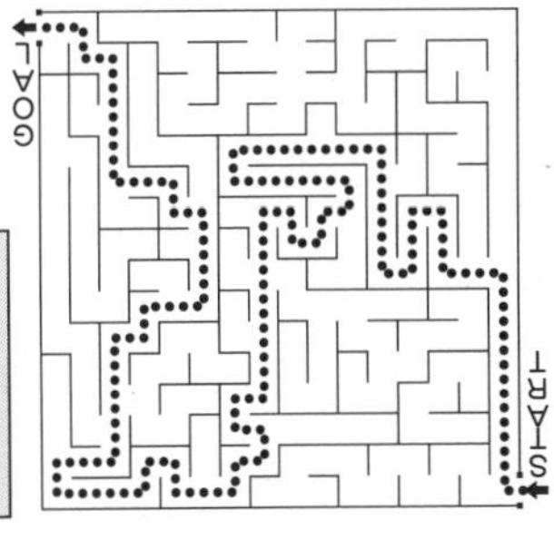

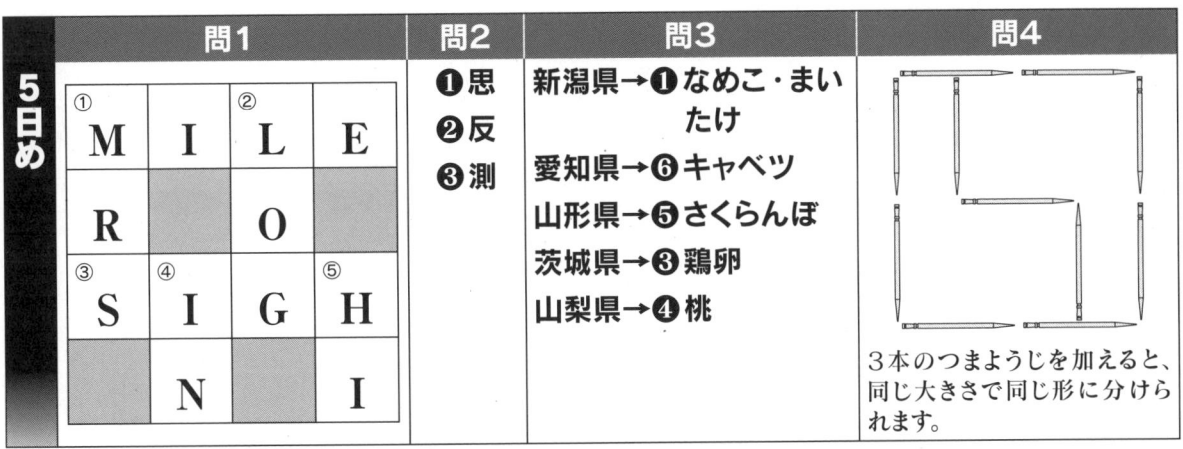

問1

□にそれぞれ×か÷を入れて、計算式を完成させてください。
ただし、算数ですから×と÷は、＋や－よりも優先されます。

❶ 8□2□4－5＝－1　❷ 6□2□6＋4＝22

❸ 12□2＋3□2＝12　❹ 6－9□3□2＝0

❺ 9□3＋2□5＝13

問2

10本のつまようじで、右のような三角形を作りました。このうち3本を動かして、つまようじで囲まれている部分を「半分の広さ」にしてください。

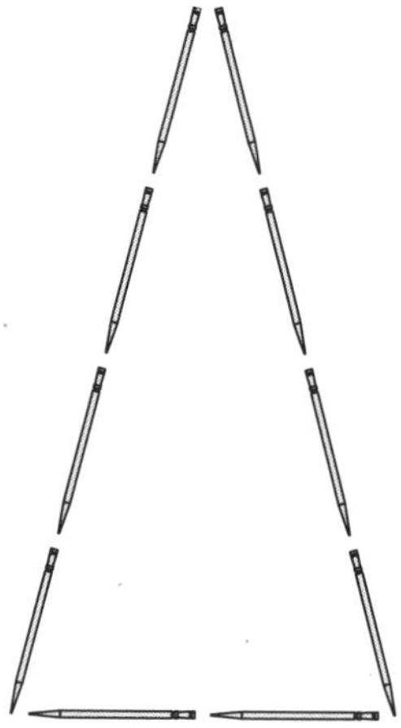

問3

次の漢字の中から、下の□に入る文字を選び、四字熟語を完成させてください。同じ漢字を2回使ってもかまいません。

苦　美　生　腑

臓　八　転　一　六　方

死　倒　人

❶ 四□□□　❷ 五□□□　❸ 七□□□

❹ 八□□□　❺ 九□□□

問4

下記の地図に示した県の名湯を下の❶～❼から選び、番号と名湯の名前を記入してください。

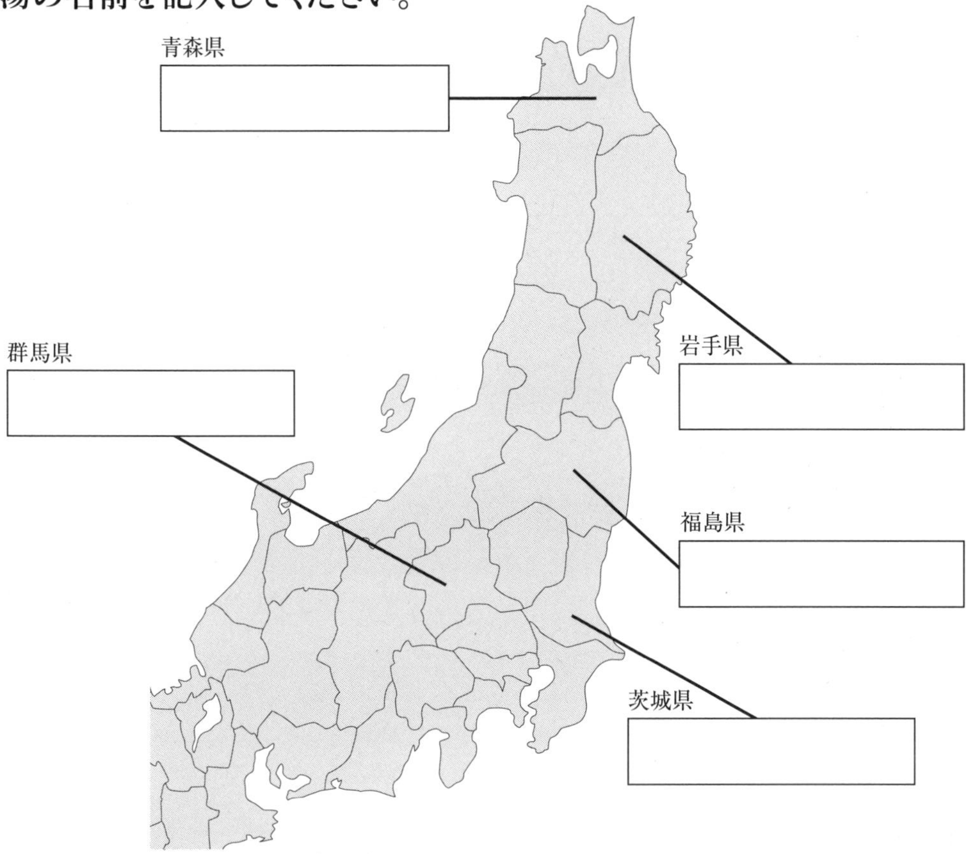

❶鳴子温泉	❷横川温泉	❸浅虫温泉	❹磐梯熱海温泉
❺花巻温泉	❻草津温泉	❼下部温泉	

問5

下のアルファベットを使って、果物の名前を5つ作ってください。
同じアルファベットは何度でも使うことができます。

a c e g
h l m
n o p r

❶ ＿＿＿＿＿＿＿＿

❷ ＿＿＿＿＿＿＿＿

❸ ＿＿＿＿＿＿＿＿

❹ ＿＿＿＿＿＿＿＿

❺ ＿＿＿＿＿＿＿＿

6日めの答えは30ページ

問1

立方体7個でできている物体があります。
あらゆる方向から見て、立方体の表面の正方形は合計でいくつ見えるでしょう。
ただし、床についている面は数えません。

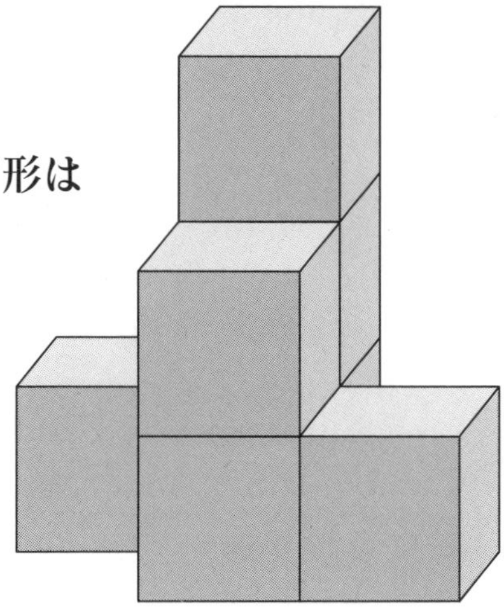

解答欄

［　　　］

問2

下線を引いた漢字には、間違いがあります。正しく直してください。

❶台所の徐菌をする。…………［　　　］

❷仕事の能立を上げる。…………［　　　］

❸自然保獲について考える。…………［　　　］

❹貯めたお金を奇付する。…………［　　　］

❺インフルエンザの予防注謝を打つ。…………［　　　］

問3

［　　　］に適切な語句を入れてください。

❶物体が力を受けない限り、同じ速度で動き続けることを［　　　］の法則と呼ぶ。

❷負《ふ》の電気を帯びた粒《りゅう》子《し》を［　　　］と呼ぶ。

❸水中で重力と反対方向に働く力を［　　　］と呼ぶ。

❹振り子の周期を長くするには、振り子の糸の長さを［　　　］すればよい。

❺ニュートンの3法則とは、慣性の法則、作用・反作用の法則、そして［　　　］の法則をいう。

問4

[　　　　]に適切な語句を入れてください。

❶1206年に[　　　　]はモンゴル帝国を建国した。

❷モヘンジョ・ダロなどを建設し、象形文字を用いたのは[　　　　]文明である。

❸紀元前221年に中国を統一したのは、秦の[　　　　]である。

❹古代の通商路[　　　　]により、中国から西方に絹がもたらされた。

❺中世のヨーロッパの都市でみられた、商工業の特権的協同組合のことを[　　　　]という。

問5

[　　　　]に適切な語句を入れてください。

❶「汝《なんじ》自身を知れ」「無知の知」の言葉で知られる古代ギリシャの哲学者は[　　　　]である。

❷イデア論を唱えた古代ギリシャの哲学者は[　　　　]である。

❸中庸《ちゅうよう》の徳を重んじ、アレクサンドロス大王の家庭教師を務めた古代ギリシャの哲学者は[　　　　]である。

❹『論語』で有名な中国・春秋時代の思想家は[　　　　]である。

問6

[　　　　]に適切な語句を入れてください。

❶米メジャーリーグは、アメリカンリーグと[　　　　]リーグがある。

❷四死球や失策などによる走者を1人も出さない試合のことを日本語で[　　　　]と呼ぶ。

❸1人の打者が1試合で、ヒット、二塁打、三塁打、ホームランを打つことを[　　　　]と呼ぶ。

7日めの答えは30ページ

問1

漢字1文字が3分割されています。もとの漢字はそれぞれ何でしょう。

❶

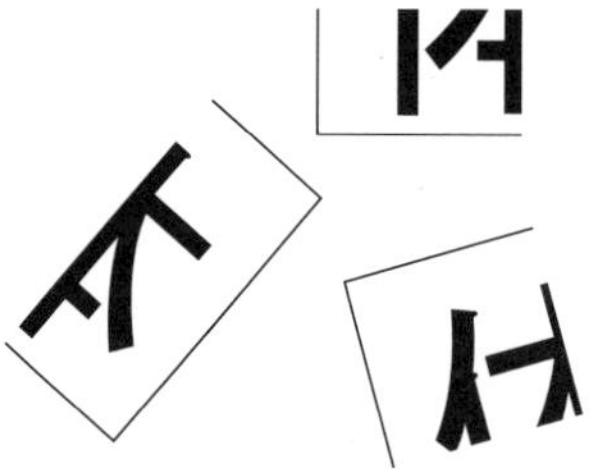

解答欄

❷

解答欄

❸

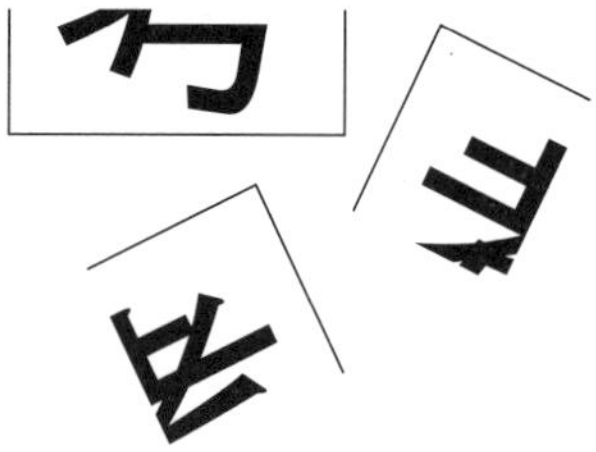

解答欄

問2

次の言葉が使われる競技(スポーツなど)は何でしょう。

❶フォール、グレコローマン、フリースタイル ……

❷グローブ、セコンド、バンタム ……………………

❸トリプルアクセル、フリー、アイスダンス ………

❹ストーン、ブルーム、ブラシ ……………………

❺ターフ、ジャパンカップ、ディープインパクト …

問3

［　　　］に適切な語句を入れてください。

❶液体（気体）中の物体が受ける浮力の大きさは、その液体（気体）の重さに等しい。これを［　　　］の原理という。

❷「電圧は電流の強さに比例する」ことを［　　　］の法則と呼ぶ。

❸音は［　　　］中では伝わらない。

問4

❶～❹のうち、同じイラストはどれとどれでしょう。

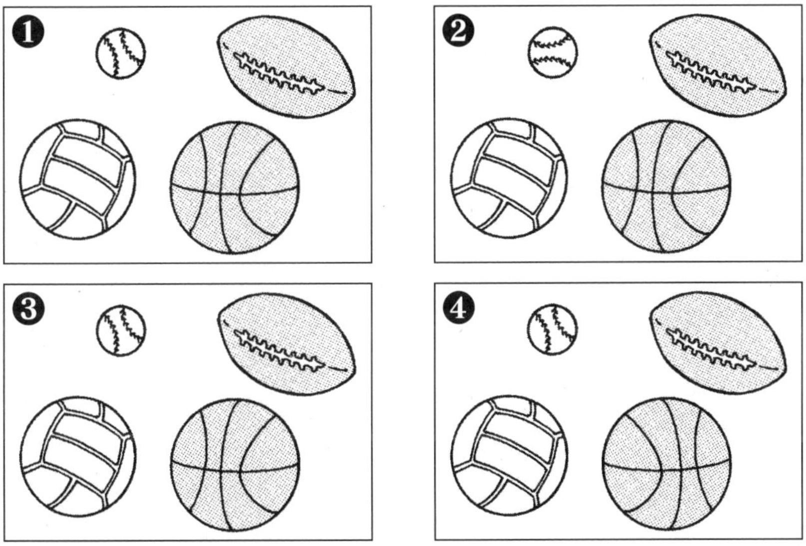

解答欄

［　　　］

と

［　　　］

問5

［　　　］の中に適切な語句を入れてください。

❶手塚治虫によるモグリの外科医が主人公の漫画は［　　　］である。

❷トリノオリンピックで金メダルを獲得したフィギュアスケートの荒川静香の得意技は［　　　］である。

❸英語で「サンキュー」を意味するイタリア語は［　　　］である。

❹山岡士郎と海原雄山が料理で対決する漫画は［　　　］である。

8日めの答えは30ページ

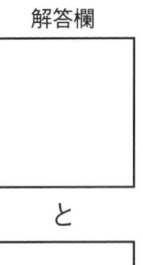

9日め【初級編・STEP2】

問1

「糸」「貝」「禾」「宀」「木」と下の字を組み合わせて、
それぞれ5つの漢字を完成させてください。

帛　内　火　昌　公　冓　責　于　㚘　且　充　家　加　呈　祭　元　古　寸　斦　各　必　工　宁　木　艮

❶ 糸

❷ 貝

❸ 禾

❹ 宀

❺ 木

問2

下の図には、ある法則があります。「？」には、何の数字が入るでしょうか？

6	1	3	2
8	5	4	9
7	8	7	5
4	9	4	8

4	9	7	8
2	5	6	1
3	2	3	5
6	1	6	?

解答欄

問3

［　　　］に適切な語句を入れてください。

❶物質の中でもっとも軽い気体は［　　　］である。

❷酸性の水溶液に青色の［　　　］試験紙をつけると、赤に変化する。

❸酸化物から酸素を除く反応のことを［　　　］と呼ぶ。

❹金の元素記号は［　　　］である。

問4

下記の地図に示した県の名湯を下の❶〜❼から選び、
番号と名湯の名前を記入してください。

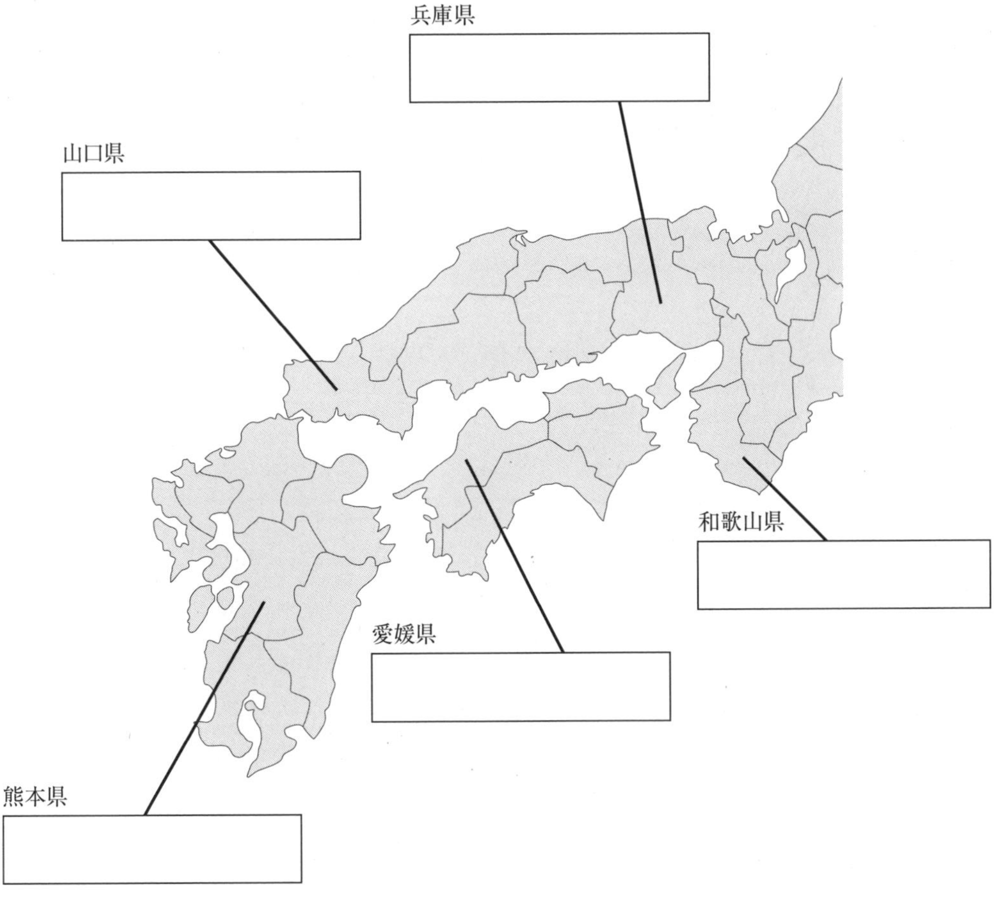

❶城崎温泉	**❷黒川温泉**	**❸湯田温泉**	
❹白浜温泉	**❺道後温泉**	**❻湯郷温泉**	**❼三朝温泉**

9日めの答えは30ページ

10日め【初級編・STEP2】

問1

立方体7個でできている物体があります。あらゆる方向から見て、立方体の表面の正方形は合計でいくつ見えるでしょう。
ただし、
床についている面は数えません。

解答欄 □

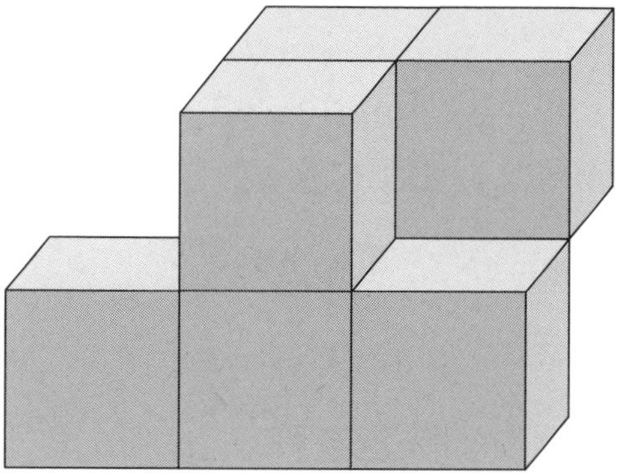

問2

□に、それぞれ×か÷を入れて、計算式を完成させてください。ただし1問だけ、＋と－を入れても完成する式があります。

❶ 6＋3□2□3＋2＝10

❷ 9－4□2＋5□3＝22

❸ 8□2□2＋3＋2＝13

❹ 8□2－6□3－2＝0

❺ 6□3＋3－4□2＝13

問3

□の中に適切な語句を入れてください。

❶ カンヌ国際映画祭において、『うなぎ』で最高賞であるパルムドールを獲得したのは□監督である。

❷ 映画『風と共に去りぬ』の主演女優は□である。

❸ 映画『エデンの東』の主演男優は□である。

❹ 日本で開催された冬季オリンピックは1972年の札幌大会と、1998年の□大会である。

❺ ボクシングで相手に抱きついて防御することを□と呼ぶ。

❻ ラグビーで両チームの選手が肩を組んで押し合うことを□と呼ぶ。

問4

下線を引いた漢字には、間違いがあります。正しく直してください。

❶やっと山頂に倒着した。……………………………… ［　　　］

❷灘易度の高い問題が続いた。………………………… ［　　　］

❸体のバランス感隔を養う。…………………………… ［　　　］

❹病院で険査を受ける。………………………………… ［　　　］

❺お正月には郷理へ帰る。……………………………… ［　　　］

問5

［　　　］の中に適切な語句を入れてください。

❶1917年に起こったロシア革命で中心的な役割を果たした人物は、［　　　］である。

❷1400年ごろ、ペルー高原に［　　　］帝国が建設された。

❸ルネサンスの三大発明は、活版印刷技術、火薬、［　　　］である。

❹1776年に採択されたアメリカ独立宣言は［　　　］によって起草された。

❺20世紀初頭、〝ヨーロッパの火薬庫〟と呼ばれたのは［　　　］半島である。

問6

次の英単語の反対の意味になる言葉を、英語で書いてください。

❶heavy（重い）　⇔　［　　　］

❷guilty（有罪）　⇔　［　　　］

❸majority（多数派）　⇔　［　　　］

❹quality（質）　⇔　［　　　］

❺private（私的）　⇔　［　　　］

10日めの答えは31ページ

STEP2（6日め〜10日め）の答え

6日め

問1	問2	問3	問4	問5
❶×、÷ ❷÷、× ❸÷、× ❹÷、× ❺÷、×	 図のように、3本のつまようじを移動させると、面積が半分になります。	❶四苦八苦 ❷五臓六腑 ❸七転八倒 ❹八方美人 ❺九死一生	青森県→❸浅虫温泉 岩手県→❺花巻温泉 福島県→❹磐梯熱海温泉 茨城県→❷横川温泉 群馬県→❻草津温泉	❶orange ❷apple ❸peach ❹lemon ❺grape 他にmelon, mangoも正解

7日め

問1	問2	問3	問4	問5	問6
24	❶除菌 ❷能率 ❸保護 ❹寄付 ❺注射	❶慣性 ❷電子 ❸浮力 ❹長く ❺運動	❶チンギスハン ❷インダス ❸始皇帝 ❹シルクロード ❺ギルド	❶ソクラテス ❷プラトン ❸アリストテレス ❹孔子	❶ナショナル ❷完全試合 ❸サイクルヒット

8日め

問1	問2	問3	問4	問5
❶体 ❷疲 ❸考	❶レスリング ❷ボクシング ❸フィギュアスケート ❹カーリング ❺競馬	❶アルキメデス ❷オーム ❸真空	❶と❸ ❷は野球ボールの向きが、❹はバスケットボールの向きが違っています。	❶ブラック・ジャック ❷イナバウアー ❸グラッツェ ❹美味しんぼ

9日め

問1	問2	問3	問4
❶綿・統・組・紅・納 ❷購・賛・質・賀・貯 ❸程・秘・稼・積・秋 ❹察・官・宇・完・客 ❺村・林・松・枯・根	2 左右の図形の同じ位置にある数字を足すと、10になります。	❶水素 ❷リトマス ❸還元 ❹Au	兵庫県→❶城崎温泉 和歌山県→❹白浜温泉 愛媛県→❺道後温泉 山口県→❸湯田温泉 熊本県→❷黒川温泉

	問1	問2	問3	問4	問5	問6
10日め	24	❶×、÷ （＋、－でもOK） ❷÷、× ❸÷、× ❹÷、÷ ❺×、×	❶今村昌平 ❷ヴィヴィアン・リー ❸ジェームズ・ディーン ❹長野 ❺クリンチ ❻スクラム	❶到着 ❷難易度 ❸感覚 ❹検査 ❺郷里	❶レーニン ❷インカ ❸羅針盤 ❹ジェファーソン ❺バルカン	❶light ❷innocent ❸minority ❹quantity ❺public

チャレンジ！おまけでQ

Q1

正方形の紙を下のように折り、黒い部分をハサミで切り取って広げると、❶～❺のどれになるでしょう。

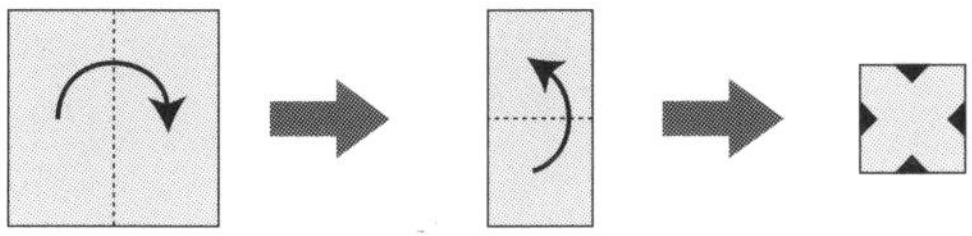

❶

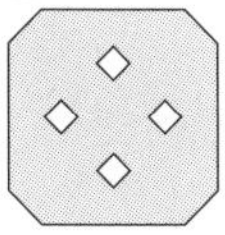

❷

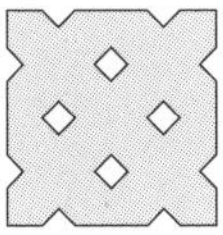

❸

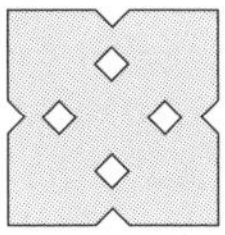

❹

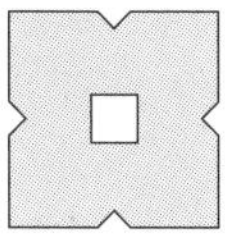

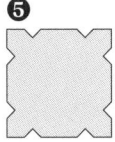

❺

Q2

図の中に、矢印はいくつあるでしょう。

❶6個　❷7個　❸8個　❹9個　❺10個

Q1の答え　❷

Q2の答え　❸6つの黒い矢印の中に白い矢印が2つ隠れています

問1

下の図の「カギ形」に空いた？の部分に入るのは、❶～❹のうち、どれでしょう。

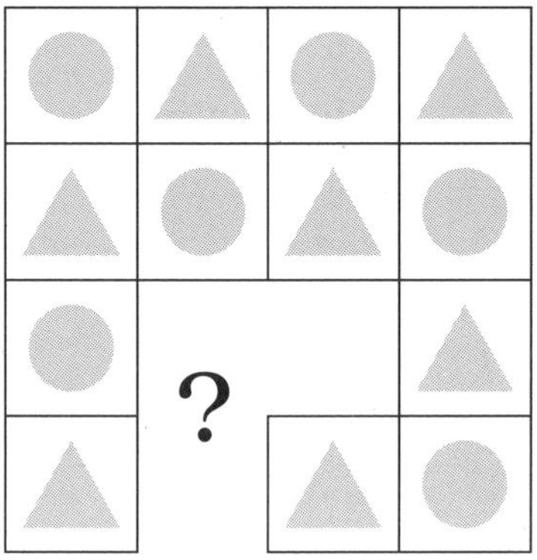

❶
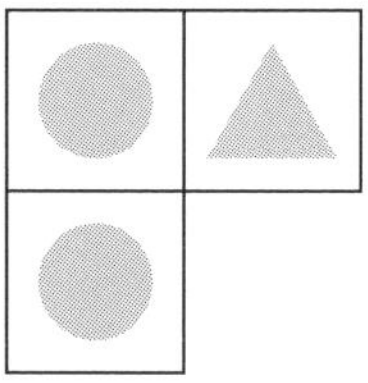

❷
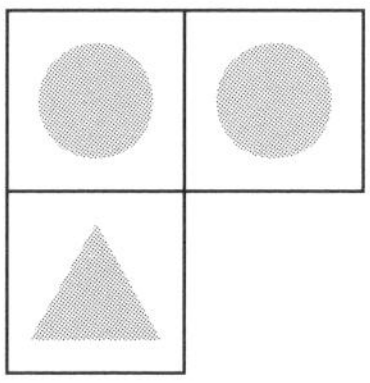

❸
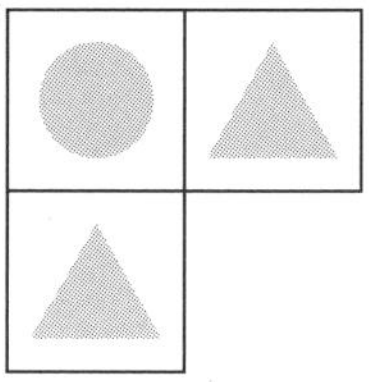

❹
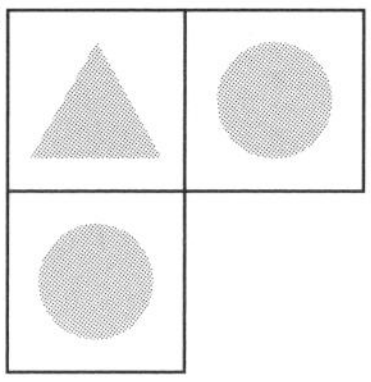

解答欄

問2

左のマークと同じものを❶～❹から選んでください。

❶

❷

❸

❹

解答欄

問3

＿＿＿＿の中に適切な数字を入れてください。

❶日本で開催された五輪は、これまで夏冬合わせて＿＿＿＿回である。

❷韓国と北朝鮮の軍事境界ラインは、通常、＿＿＿＿度線と呼ばれる。

❸衆議院の定数は＿＿＿＿人である。

❹参議院の任期は＿＿＿＿年である。

❺裁判員制度で、一般市民から選ばれる裁判員の数は＿＿＿＿人である。

問4

イラストの果物の名前を、英語で書いてください。

❶ 

❷ 

❸ 

❹ 

❺ 

問5

の中に適切な語句を入れてください。

❶野球で右打席でも左打席でも打てる打者を　という。

❷ポーカーで、ワンペアとスリーカードが同時にできた手を　という。

❸アニメ『サザエさん』で、初代のカツオ君の声を担当していたのは　である。

❹太田光と田中裕二の２人組によるお笑いコンビの名は　である。

❺人気グループ「SMAP」のメンバーで最年少は　である。

問6

同じ読み方をするカタカナの単語を、漢字で書き分けてください。

❶兄弟はタイショウ的な性格である。……………………

タイショウとする人物を捜査する。……………………

左右タイショウの絵を描いた。……………………

❷理由なく企業にカイコされた。……………………

昔のことをカイコする。……………………

文学者のカイコ展に行ってきた。……………………

11日めの答えは42ページ

問1

下の選択肢から漢字を1つずつ選んで、四字熟語を完成させてください。
ただし、「無関係な漢字」が2つ含まれているので注意しましょう。

自□自□　　温□知□　　三□四□

千□一□　　羊□狗□

【選択肢】

載　肉　遇　故　明　業

寒　頭　得　冬　温　新

問2

次の物に使うおもな燃料の名前を、下の選択肢から選んでください。
ただし、1つだけ不要な燃料が含まれているので注意しましょう。

❶自動車……………………………………

❷ディーゼル自動車……………………

❸ガスボンベ……………………………

❹現在の都市ガス………………………

❺ガスライター…………………………

【選択肢】

軽油　メタン　灯油　ガソリン　プロパン　ブタン

問3

どこの国のことを説明している文章なのか答えてください。

❶コーヒー生産高世界1位。アマゾン川がある………

❷ケベック州の独立問題を抱えている…………………

❸中部に「パンパ」と呼ばれる広大な草原がある……

❹国土の4分の1が海抜0メートル以下である…………

問4

サンプルのイラストと同じキャンディの組み合わせは、❶～❹のうちどれでしょう。

サンプル

解答欄

問5

ある法則に従って、3つの数字が入っています。
? に入る数字を答えてください。

解答欄

	12			
		33		
				45
	?			

問6

　　　　の中に適切な言葉を入れてください。

❶日本映画の名作『東京物語』の監督は　　　　である。

❷浅利慶太が設立した劇団は　　　　である。

❸ジェームズ・キャメロン監督が撮影した映画の舞台になった豪華客船は　　　　である。

❹北野武が監督し、ベネチア映画祭において金獅子賞を獲得した映画は『　　　　』である。

❺ジョン・フォード監督作品『駅馬車』の主演は　　　　である。

12日めの答えは42ページ

問1

下の図の「カギ形」に空いた？の部分に入るのは、❶〜❹のうち、どれでしょう。

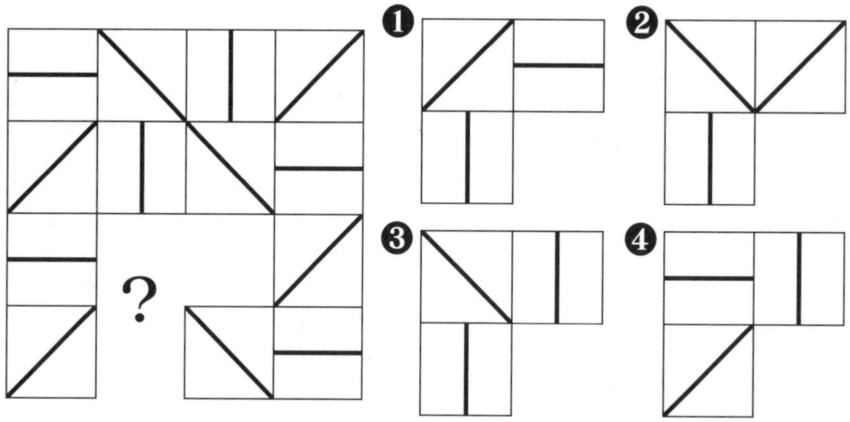

解答欄

問2

ブタの絵を正五角形の周囲に沿って転がしていきます。２回転したときのブタの絵は❶〜❹のうち、どれでしょう。

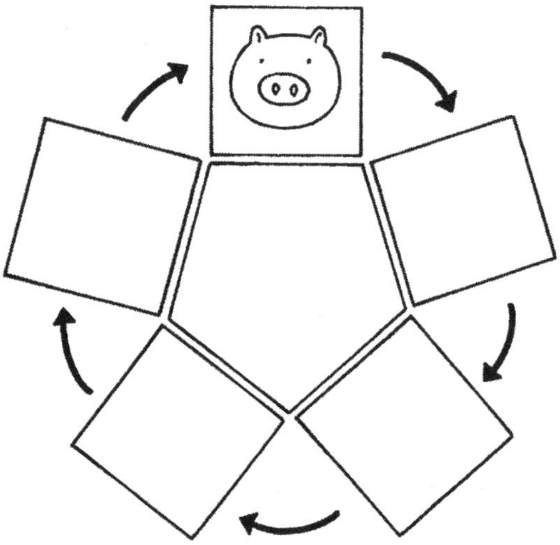

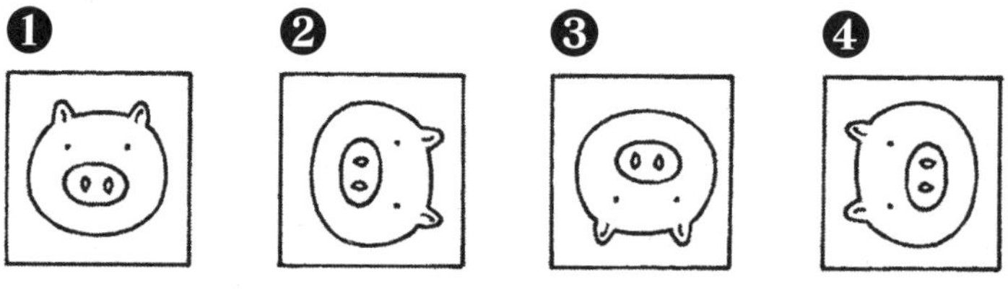

解答欄

問3

イラストの野菜の名前を、英語で書いてください。

❶ 

❷ 

❸ 

❹ 

❺ 

問4

漢字1文字が3分割されています。もとの漢字はそれぞれ何でしょう。

❶ 

解答欄

❷ 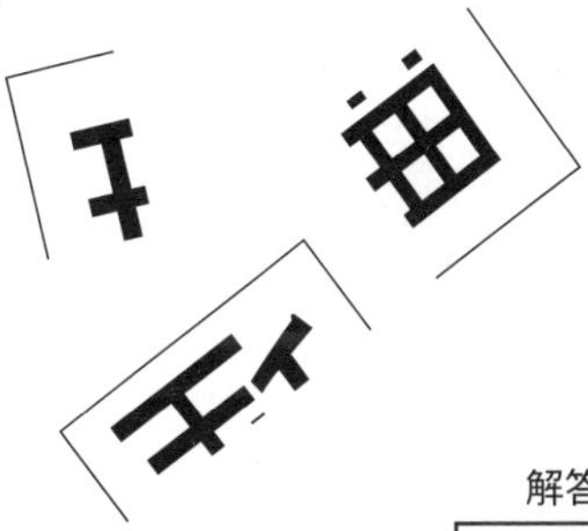

解答欄

問5

［　　　］の中に適切な言葉を入れてください。

❶芥川龍之介原作、黒澤明監督の映画は［　　　］である。

❷映画『ローマの休日』の主演女優は［　　　］である。

❸映画『太陽がいっぱい』の主演男優は［　　　］である。

❹フランシスコ・フォード・コッポラ監督による、ベトナムを舞台にした戦争映画のタイトルは『［　　　］』である。

13日めの答えは42ページ

問1

□に入るものを下の❶～❹から選んでください。

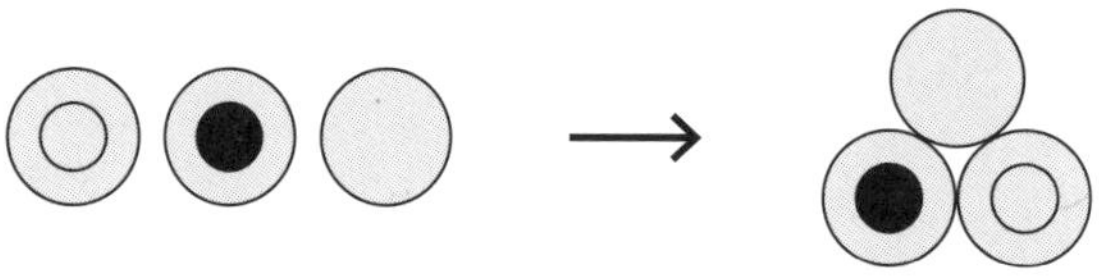

なら

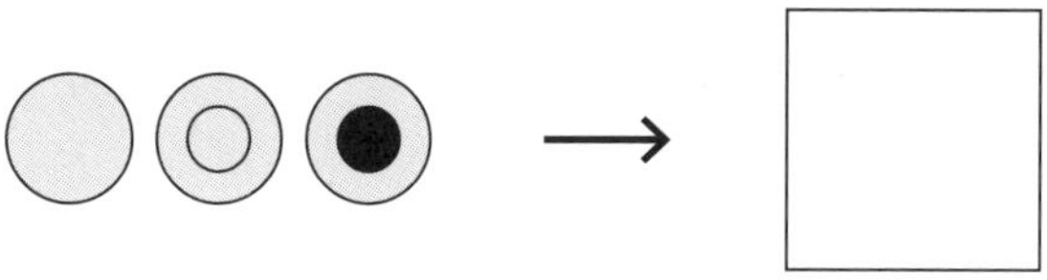

になります

❶
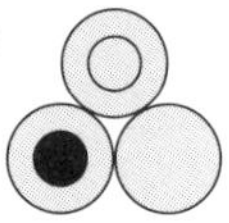

❷
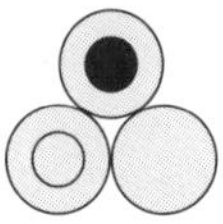

❸

❹
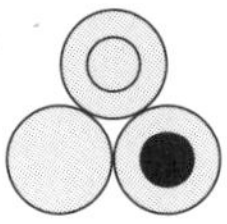

解答欄

問2

□の中に適切な言葉を入れてください。

❶ □は寝て待て

❷ □も山の賑《にぎ》わい

❸ □から駒

❹ □の不養生

❺ □の功名

問3

次の物の中に入っている気体の名前を、下の選択肢から選んでください。
ただし、ひとつだけ重複する答えがあります。

❶現在の飛行船 ……………………………………… □

❷かつおぶしの小袋パック ………………………… □

❸白熱灯 ……………………………………………… □

❹熱気球 ……………………………………………… □

【選択肢】

窒素　酸素　ヘリウム　水蒸気　二酸化炭素

問4

［　　　　］の中に適切な言葉を入れてください。

❶徳川綱吉が出した極端な動物愛護の法令を［　　　　］の令という。

❷綱吉のあと、金や銀の国外への流出を防ぐために長崎での貿易を制限した人物は［　　　　］である。

❸『富《ふ》嶽《がく》三十六景』を描いた浮世絵画家は［　　　　］である。

❹江戸時代に全国を測量し、日本地図を描いたのは［　　　　］である。

❺人形浄瑠璃の名作『曽根崎心中』の作者は［　　　　］である。

問5

女の子が身につけているものと、同じ組み合わせは❶～❹のうち、どれでしょう。

解答欄

［　　　　］

問6

［　　　　］の中に適切な言葉や数字を入れてください。

❶十二支のうち、実在しない動物は［　　　　］である。

❷押し入れの幅などを示す「1間」とは［　　　　］メートルである。

❸都心部で夜間人口が減少することを［　　　　］という。

❹失業対策の一環として、現在就労している労働者の仕事の量を減らして失業者に提供する方法を［　　　　］と呼ぶ。

14日めの答えは42ページ

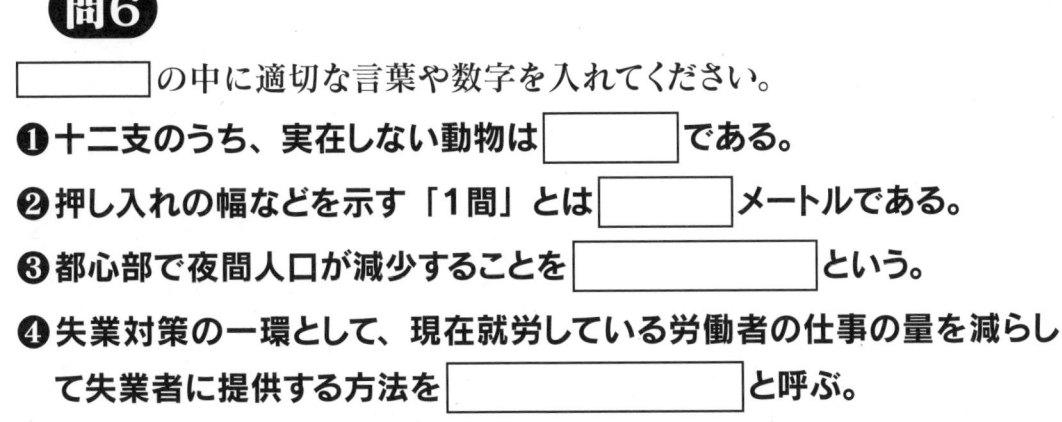

問1

次の文字を並べ替えて、歴史上の人物名にしてください。
日本人も外国人もいます。

❶えとわくがやすい ⇒

❷あすできめる ⇒

❸ぼくかわたしいく ⇒

❹でんせんある ⇒

❺いすおけない ⇒

問2

法則に従い、右下の ? に入る数字を答えてください。

1
2 3
3 1 2
1 2 3 1
2 3 1 2 ?

解答欄

問3

イラストの魚介類の名前を、英語で書いてください。

❶ 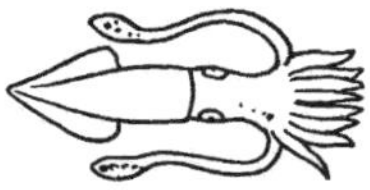

❷ 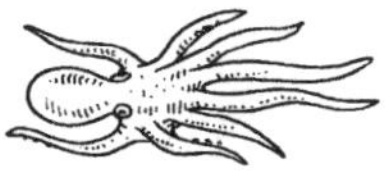

❸ 

❹ 

❺ 

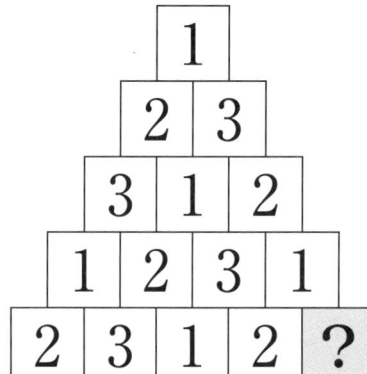

問4

[　　]の中に適切な言葉や数字を入れてください。

❶年齢を重ねることに昇進する企業のしくみを[　　]と呼ぶ。

❷同じ企業で定年まで雇用し続けるしくみを[　　]と呼ぶ。

❸個人の業績を給与に反映させるしくみを[　　]主義と呼ぶ。

❹地球の平均気温を上昇させる気体を[　　]ガスと呼ぶ。

❺環境破壊につながる[　　]雨は、大気汚染が原因である。

問5

仲間はずれのカメは❶～❹のうち、どれでしょう。

❶ ❷ ❸ ❹

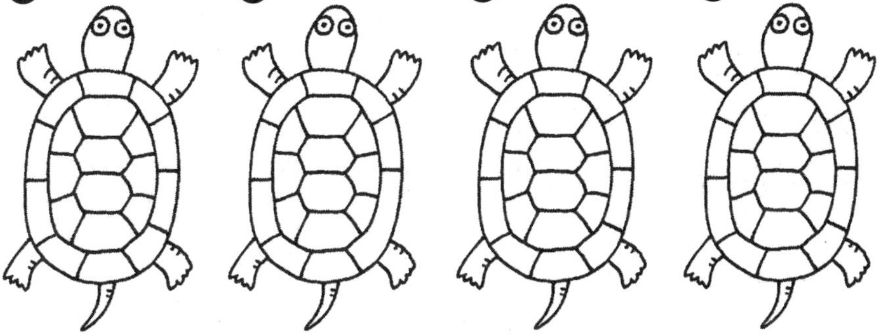

解答欄

[　　]

問6

同じ読み方をするカタカナの単語を、漢字で書き分けてください。

❶タイセイを整えて歩きだす……………………[　　]

選挙のタイセイが判明した……………………[　　]

細菌にはタイセイ菌が増えている……………………[　　]

❷カジュウがかかったために破壊した……………………[　　]

カジュウ労働のため病気になった……………………[　　]

責任がカジュウされた……………………[　　]

15日めの答えは43ページ

STEP3（11日め～15日め）の答え

11日め

問1
❹
○と△が交互になります。

問2
❸

問3
❶3
❷38
❸475
❹6
❺6

問4
❶apple
❷persimmon
❸peach
❹chestnut
❺pear

問5
❶スイッチヒッター
❷フルハウス
❸大山のぶ代
❹爆笑問題
❺香取慎吾

問6
❶対照
対象
対称

❷解雇
懐古
回顧

12日め

問1
自業自得
温故知新
三寒四温
千載一遇
羊頭狗肉

問2
❶ガソリン
❷軽油
❸プロパン
❹メタン
❺ブタン

問3
❶ブラジル
❷カナダ
❸アルゼンチン
❹オランダ

問4
❸

問5
52
上から「5」段め　左から「2」列め
10の位には上からの段の数字が入り、1の位には左からの列の数字が入ります。

問6
❶小津安二郎
❷劇団四季
❸タイタニック号
❹HANA-BI
❺ジョン・ウェイン

13日め

問1
❸

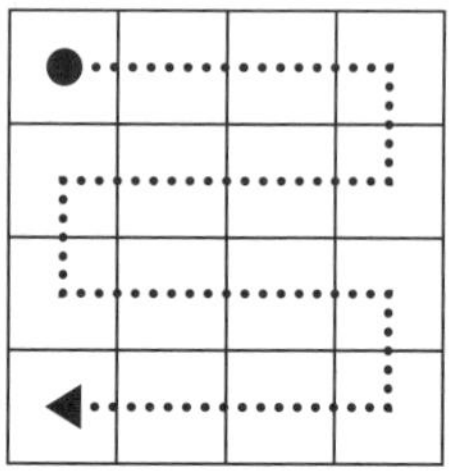

左上から横方向へ、マス内の直線が時計まわりに45度ずつ順に傾いていきます。

問2
❸
ブタの絵は4回転がすと、元の向きに戻るので、2回転させる（10回転がす）と、絵は逆さまになります。

問3
❶spinach
❷cabbage
❸potato
❹mushroom
❺onion

問4
❶探
❷理

問5
❶羅生門
❷オードリー・ヘプバーン
❸アラン・ドロン
❹地獄の黙示録

14日め

問1
❷
右端のマークが上に移動し、左端と真ん中のマークが入れ替わります。

問2
❶果報
❷枯れ木
❸瓢箪
（ひょうたん）
❹医者
❺怪我

問3
❶ヘリウム
❷窒素
❸窒素
❹水蒸気

問4
❶生類憐み
❷新井白石
❸葛飾北斎
❹伊能忠敬
❺近松門左衛門

問5
❸
❶は帽子が違います。
❷は靴が違います。
❹は服のデザインが違います。

問6
❶龍
❷1.8
❸ドーナツ現象
❹ワークシェアリング

	問1	問2	問3	問4	問5	問6
15日め	❶徳川家康 ❷アルキメデス ❸石川啄木 ❹アンデルセン ❺井伊直弼	3 どの品も「1と2と3」で構成されています。	❶squid または cuttlefish ❷octopus ❸oyster ❹tuna ❺bonito	❶年功序列 ❷終身雇用制度 ❸成果 ❹温室効果 ❺酸性	❷ 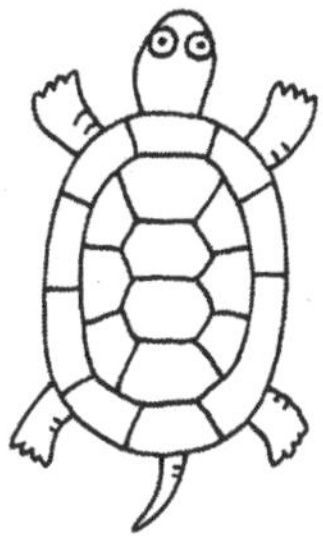	❶体勢 大勢 耐性 ❷荷重 過重 加重

チャレンジ！おまけでQ

Q1

下の図のような左側通行のインターチェンジの中に「余計な道」が1つあります。❶〜❺のうち、どれでしょう。

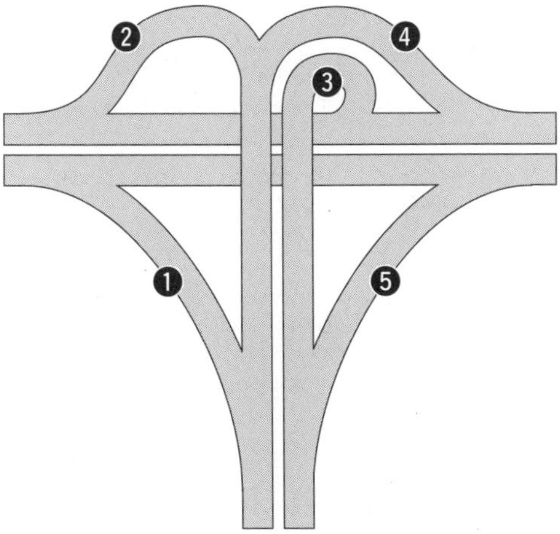

Q2

下の図のなかには、ハート、クローバー、ダイヤ、スペードの4種類のイラストが2つずつあります。上下左右のマス目に沿って、4種類のイラスト同士を交わらないように直線で結んでください。

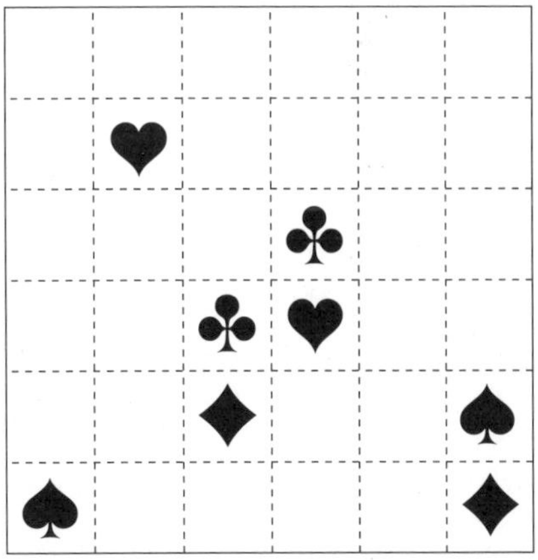

Q1の答え

❷この道を使い、正面衝突事故が起こっています。

Q2の答え

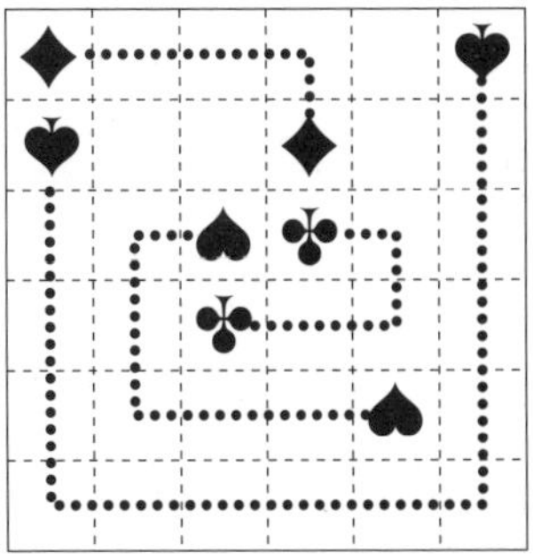

問1

?に入るものを、❶〜❹から選んでください。

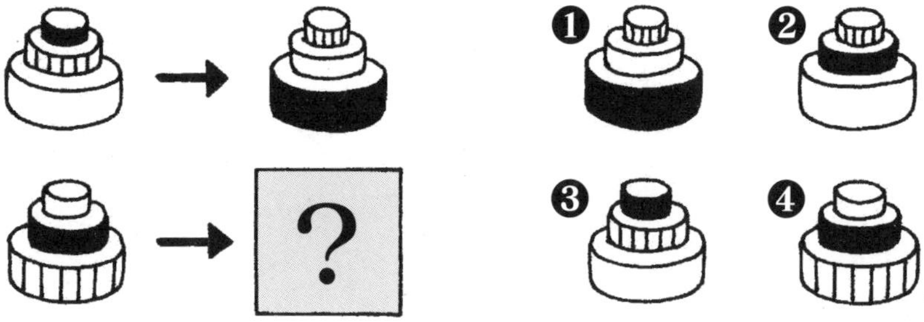

解答欄

問2

下の選択肢から漢字を1つずつ選んで、四字熟語を完成させてください。
ただし、「無関係な漢字」が2つ含まれているので注意しましょう。

虚□坦□　　絶□絶□　　豪□磊□

厚□無□　　孤□奮□

【選択肢】

顔	闘	心	花	軍	風
体	放	懐	落	命	恥

問3

□の中に適切な言葉を入れてください。

❶製品に欠陥があった場合、製造業者が自主的に公表して製品を回収・修理することを□と呼ぶ。

❷いったん購入の契約をしても、一定期間内であれば解約できるシステムを□と呼ぶ。

❸医薬品の特許が切れたあとに、ほぼ同様の効果を持ち、安い価格で販売されるものを□医薬品と呼ぶ。

❹一般的に、同居関係にある配偶者や内縁関係のあいだで起こる家庭内暴力のことを□と呼ぶ。

問4

どこの国のことを説明している文章なのか答えてください。

❶1990年に東西が統一されたヨーロッパの国 …………

❷カストロ首相が長年率《ひき》いた社会主義の国 …………

❸北東部がイギリス領と接している島国 …………

❹アパルトヘイト政策で有名だったアフリカの国 …………

❺フランコ総統の死去で、1975年に王政復古した国 ……

問5

❶～❹のうち、同じ砂時計の組み合わせは、どれとどれでしょう。

❶
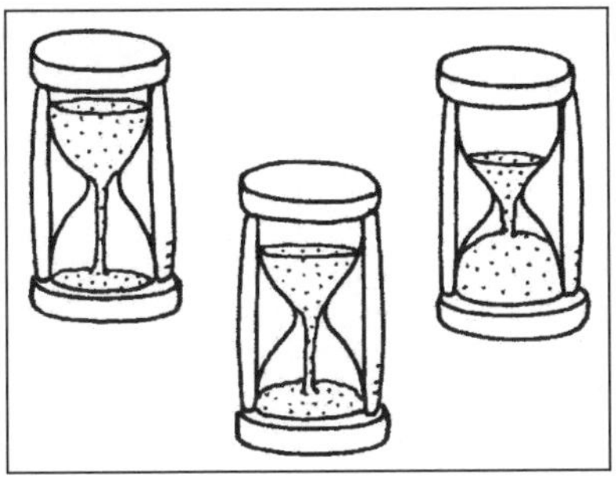

❷
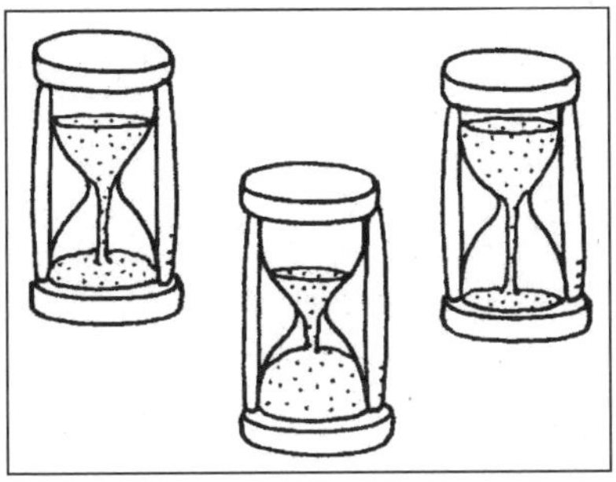

❸
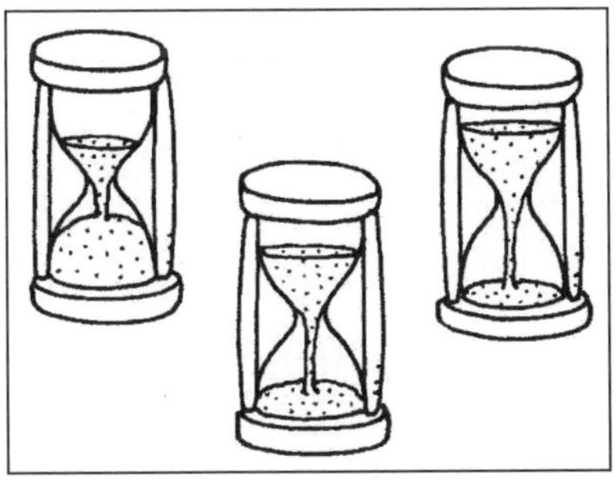

❹
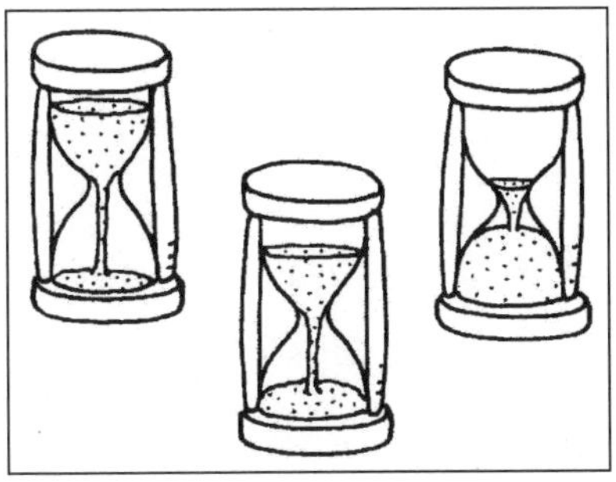

解答欄

と

問6

次の職業を、英語で書いてください。

❶歯医者さん ………

❷理容師さん ……

❸肉屋さん ………

❹花屋さん ………

❺運転手さん ………

16日めの答えは54ページ

問1

［　　　］に動物の名前を入れて、ことわざを完成させてください。

❶［　　　］に小判

❷［　　　］で鯛を釣る

❸立つ［　　　］跡を濁《にご》さず

❹窮《きゅう》鼠《そ》［　　　］を噛む

❺［　　　］も鳴かねば撃たれまい

問2

❶〜❺のうち、遊具が同じ組み合わせの公園は、どれとどれでしょう。

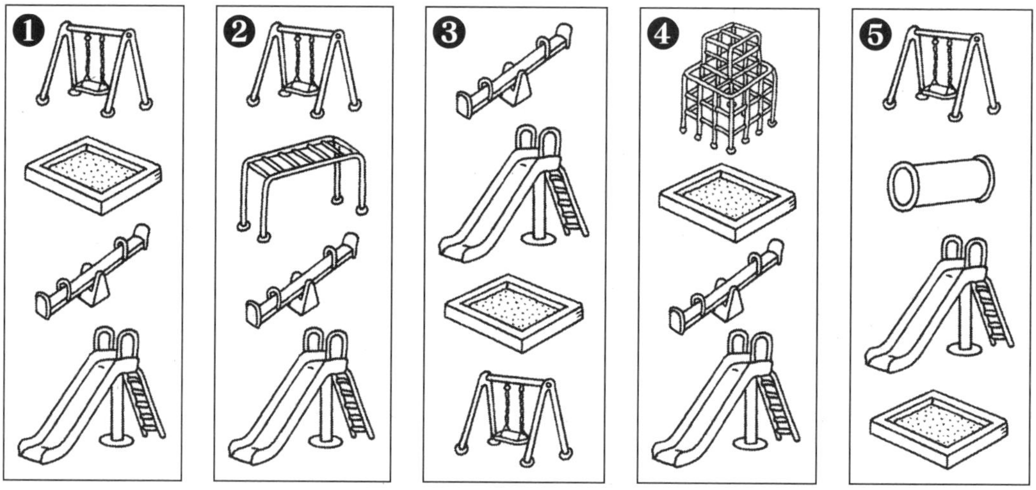

解答欄［　　　］と［　　　］

問3

古い出来事の順に、(　　)の中に1〜5の数字を入れてください。

❶(　　　)ソウル・オリンピック

❷(　　　)バルセロナ・オリンピック

❸(　　　)シドニー・オリンピック

❹(　　　)アトランタ・オリンピック

❺(　　　)ロサンゼルス・オリンピック

問4

［？］に入るものは何でしょう？

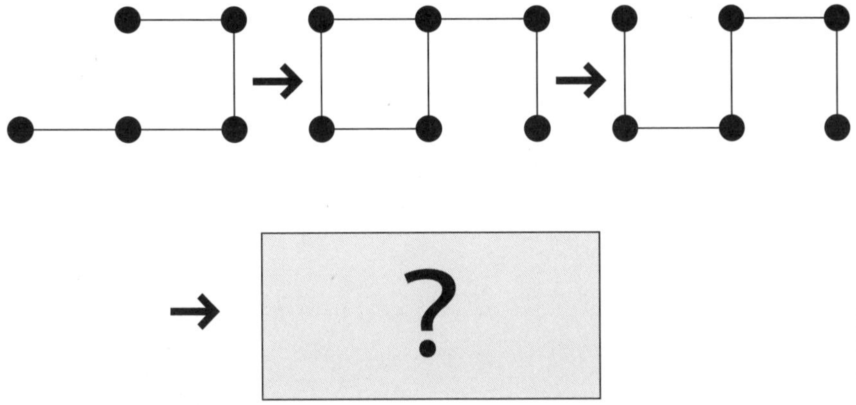

解答欄

［　　　］

問5

［　　　］の中に適切な言葉を入れてください。

❶地震の規模を示す数値を［　　　］という。

❷月が太陽と地球のあいだに入り、地球から見た太陽が月によって隠される現象を［　　　］という。

❸10オームの抵抗の両端に100ボルトの電圧をかけると、［　　　］アンペアの電流が流れる。

❹1898年にラジウムを発見したのは［　　　］夫妻である。

問6

［　　　］の中に適切な言葉を入れてください。

❶1971年のドルショック以降、国際為替は［　　　］制に移行した。

❷保育所の定員が超過するなどの理由で、希望しても入所することができない児童を［　　　］と呼ぶ。

❸年金は、大きく分けて［　　　］年金、［　　　］年金、［　　　］年金の3種類が存在する。

17日めの答えは54ページ

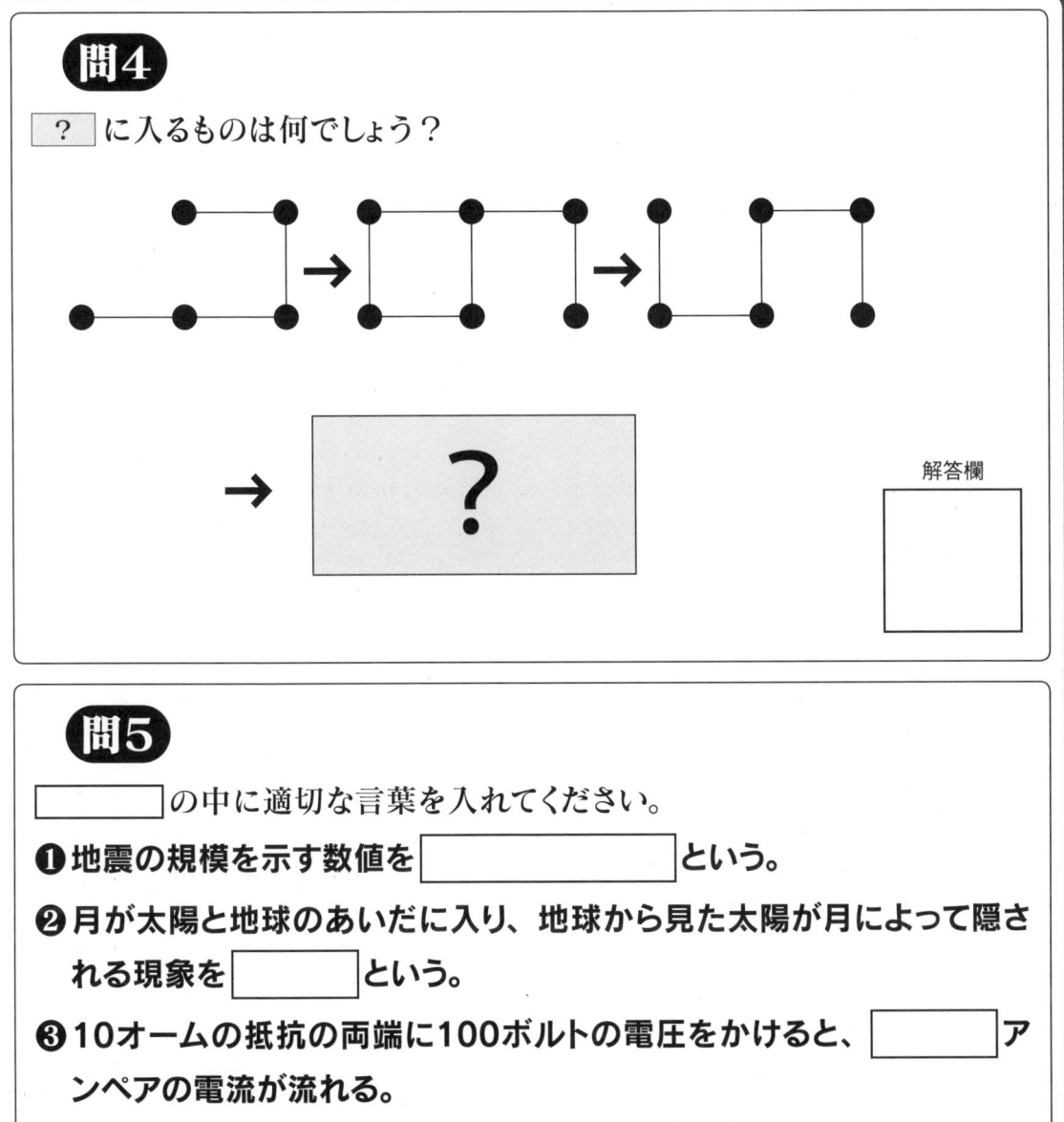

問1

❶〜❸は、すべて中国の時代の名前です。それぞれ歴史が古い順に1〜3の数字を（　）に入れてください。

❶	❷	❸
（　　）秦	（　　）唐	（　　）明
（　　）漢	（　　）南北朝	（　　）元
（　　）春秋戦国	（　　）隋	（　　）宋

問2

下の図の「カギ形」に空いた？の部分に入るのは、❶〜❹のうち、どれでしょう。

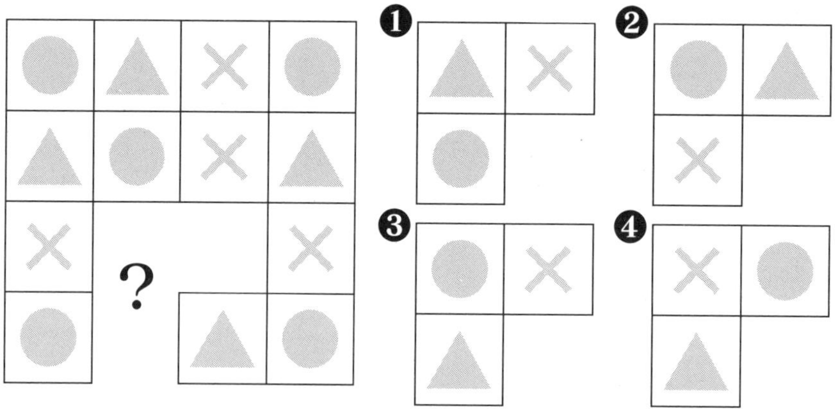

解答欄

問3

□に適切な言葉を入れて、ことわざを完成させてください。

❶三人寄れば□の知恵

❷□振り合うも多生の縁

❸紺屋の□

❹出る□は打たれる

❺□に交われば赤くなる

問4

次の英単語の反対の意味になる言葉を、英語で書いてください。

❶regular ⇔ ［　　　　］　❷normal ⇔ ［　　　　］

❸complete ⇔ ［　　　　］　❹dependent ⇔ ［　　　　］

❺possible ⇔ ［　　　　］

問5

同じ筆記用具の組み合わせの絵は、どれとどれでしょう。

❶
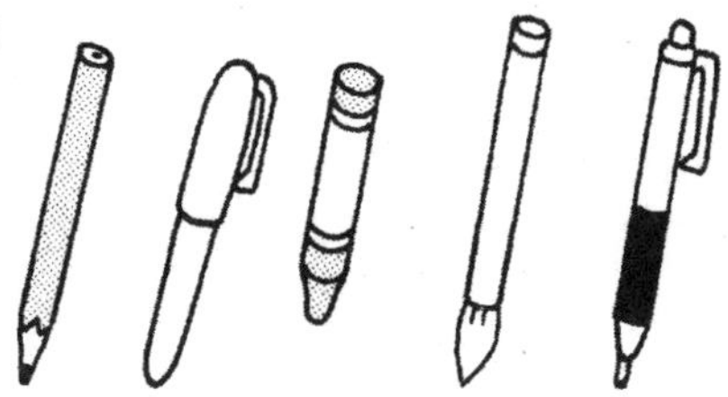

❷
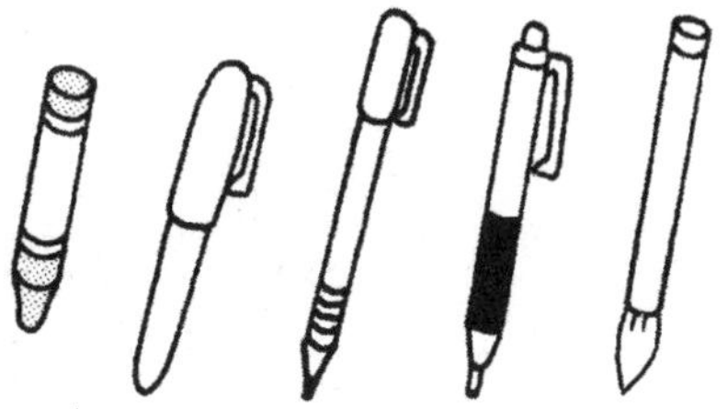

❸
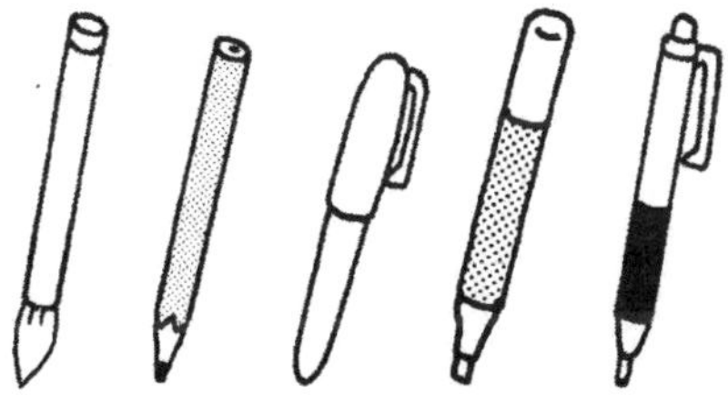

❹
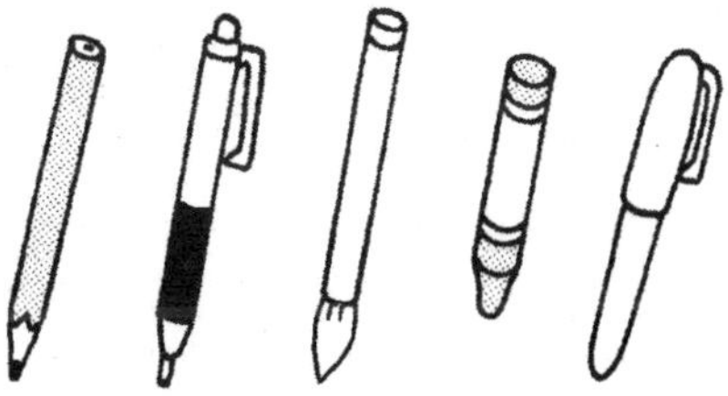

問6

［　　　　］の中に適切な言葉を入れてください。

❶第3回WBC（ワールド・ベースボール・クラシック）の監督を務めたのは［　　　　］である。

❷2012年7月、ニューヨークでミュージカル『シカゴ』に主演した日本人女優は［　　　　］である。

❸2012年、上方落語の大名跡である「桂文枝」を襲名した落語家は［　　　　］である。

18日めの答えは54ページ

問1

法則に従って、? に入る数字を答えてください。

	4	
3	9	2

	3	
2	6	1

	3	
4	?	2

解答欄

問2

次の言葉が使われる競技（スポーツなど）は何でしょう。

❶クォーターバック、タッチダウン、スーパーボウル……

❷コックス、スカル、スウィープ……………………

❸ワラビーズ、ノーサイド、スタンドオフ……………

❹モーグル、エアリアル、ダンス……………………

❺ボギー、パー、ドライバー…………………………

問3

同じ読み方をするカタカナの単語を、漢字で書き分けてください。

❶強いイシを持って試合に臨む………………………

イシの疎通を図る………………………………………

故人のイシを継いだ……………………………………

❷大臣の汚職を徹底ツイキュウする…………………

研究者は真理のツイキュウが任務である……………

企業は利《り》潤《じゅん》のツイキュウを求められる…………………

問4

同じデザインのロウソクの組み合わせは、どれとどれでしょう。

❶

❷

解答欄

［　　　］と［　　　］

❸

❹

問5

法則に従うと、?には何の数字が入るでしょうか。

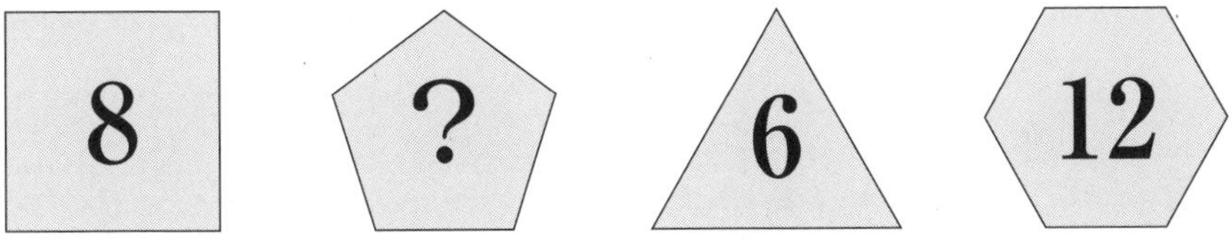

解答欄

［　　　］

問6

［　　　］の中に適切な言葉を入れてください。

❶国連事務総長であるパン・ギムン氏の出身国は［　　　］である。

❷『夜明けのスキャット』の大ヒットで知られる歌手は［　　　］である。

❸アメリカのオバマ大統領が所属する政党は［　　　］党である。

❹2012年11月、国際宇宙ステーションの船外活動で日本人最長時間の記録を更新した宇宙飛行士の名は［　　　］である。

❺ピンクリボンとは、おもに［　　　］の検診推進活動である。

19日めの答えは54ページ

問1

下の図の「カギ形」に空いた？の部分に入るのは、
❶〜❹のうち、どれでしょう。

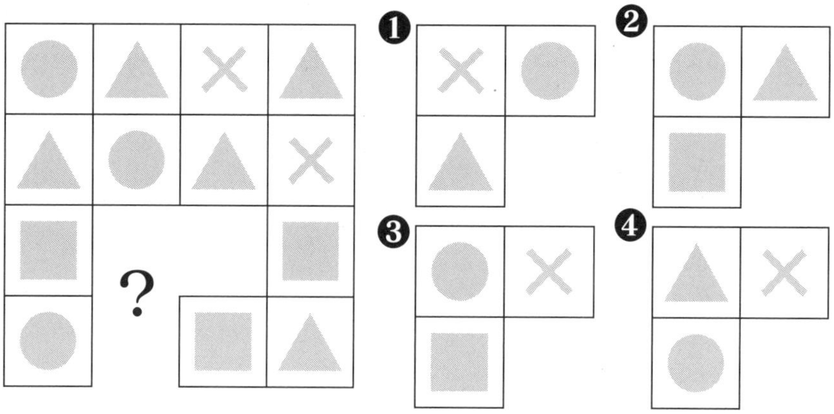

解答欄

問2

どこの国のことを説明している文章なのか答えてください。

❶ナスカの地上絵で有名な南米の国…………………………

❷永世中立国。独、仏など4か国語が使用されている……

❸スエズ運河、ピラミッドで知られるアフリカの国…………

❹凱旋門、エッフェル塔で有名な国…………………………

❺かつてマヤ文明が栄えていた国……………………………

問3

［　　　］の中に適切な英単語を入れて、英文を完成させてください。

❶起きる　⇒　get ［　　　］

❷少なくとも　⇒　［　　　］ least

❸もちろん　⇒　［　　　］ course

❹時間どおりに　⇒　［　　　］ time

❺脱ぐ　⇒　take ［　　　］

問4

選択肢から漢字を1つずつ選んで、四字熟語を完成させてください。ただし、「無関係な漢字」が2つ含まれているので注意しましょう。

粉□砕□　　快□乱□　　臨□応□

天□無□　　付□雷□

【選択肢】

身	体	同	変	麻	衣
機	和	舟	骨	刀	縫

問5

サンプルと同じ食べ物の組み合わせは、❶～❹のうち、どれでしょう。

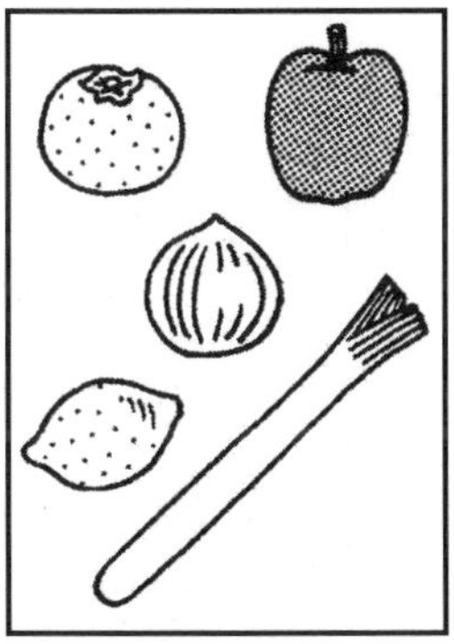
サンプル

解答欄

□

問6

□の中に適切な言葉を入れてください。

❶映画『男はつらいよ』シリーズの監督は□である。

❷90年代以降、アメリカやカナダなどで注目されている地中の頁岩層《けつがんそう》にある、新しいタイプの天然ガスを□と呼ぶ。

❸サッカーで1人で3点以上得点することを□と呼ぶ。

❹大型のゴムボートで急流を下るスポーツを□と呼ぶ。

20日めの答えは54ページ

STEP4（16日め～20日め）の答え

16日め

問1	問2	問3	問4	問5	問6
❸ 側面の黒くぬられた部分が上→いちばん下、下→真ん中、真ん中→上、上→いちばん下…と移動します。	虚心坦懐 絶体絶命 豪放磊落 厚顔無恥 孤軍奮闘	❶リコール ❷クーリングオフ ❸ジェネリック ❹ドメスティックバイオレンス	❶ドイツ ❷キューバ ❸アイルランド ❹南アフリカ ❺スペイン	❶と❷	❶dentist ❷barber ❸butcher または meat shop ❹florist ❺driver

17日め

問1	問2	問3	問4	問5	問6
❶猫 ❷海老 ❸鳥 ❹猫 ❺雉子	❶と❸	❶2 ❷3 ❸5 ❹4 ❺1	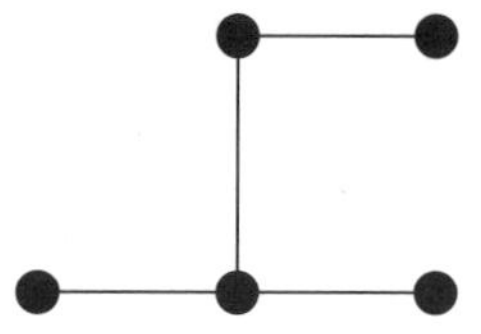 左から7→6→5を横にしたデザインになっています。	❶マグニチュード ❷日食 ❸10 ❹キュリー	❶変動相場 ❷待機児童 ❸厚生、国民、共済

18日め

問1	問2	問3	問4	問5	問6
❶ ❷ ❸ 2 3 3 3 1 2 1 2 1	❷ 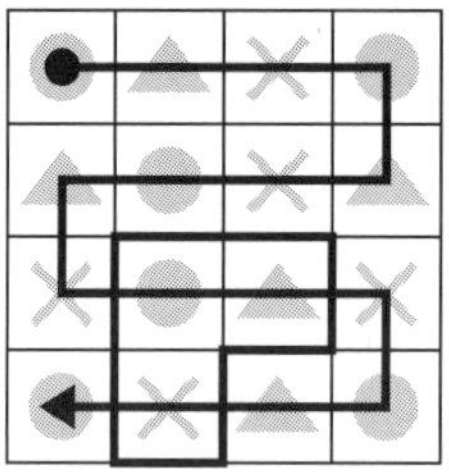 ○→△→×がくり返されます。	❶文殊 ❷袖 ❸白袴 ❹杭 ❺朱	❶irregular ❷abnormal ❸incomplete ❹independent ❺impossible	❶と❹	❶山本浩二 ❷米倉涼子 ❸桂三枝

19日め

問1	問2	問3	問4	問5	問6
9 下段真ん中の数字は、その周囲の3つの数字を足したものになります。	❶アメリカンフットボール ❷ボート ❸ラグビー ❹スキー ❺ゴルフ	❶意志 意思 遺志 ❷追及 追究 追求	❶と❷	10 各図形にある角の数を2倍した数字になっています。	❶韓国 ❷由紀さおり ❸民主 ❹星出彰彦 ❺乳ガン

20日め

問1	問2	問3	問4	問5	問6
❷ 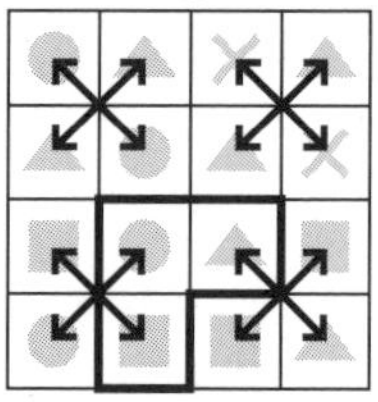 4つのマスでできる正方形の対角の印が同じです。	❶ペルー ❷スイス ❸エジプト ❹フランス ❺メキシコ	❶up ❷at ❸of ❹on ❺off	粉骨砕身 快刀乱麻 臨機応変 天衣無縫 付和雷同	❷	❶山田洋次 ❷シェールガス ❸ハットトリック ❹ラフティング

中級編

【STEP5】～【STEP7】の15日間

1日ぶんを解いたら、
□に✓を入れていきましょう。

【STEP5】

21日め…………□
22日め…………□
23日め…………□
24日め…………□
25日め…………□

【STEP6】

26日め…………□
27日め…………□
28日め…………□
29日め…………□
30日め…………□

【STEP7】

31日め…………□
32日め…………□
33日め…………□
34日め…………□
35日め…………□

問1

□に動物の名前を入れて、ことわざを完成させてください。

❶泣きっ面に□　　❷□に引かれて善光寺参り

❸はきだめに□　　❹まな板の□

❺生き□の目を抜く

問2

同じグラスの組み合わせは、どれとどれでしょう。

❶

❷

❸

❹

解答欄

□ と □

問3

? に入るのは、下の❶～❹のうち、どれでしょう。

なら

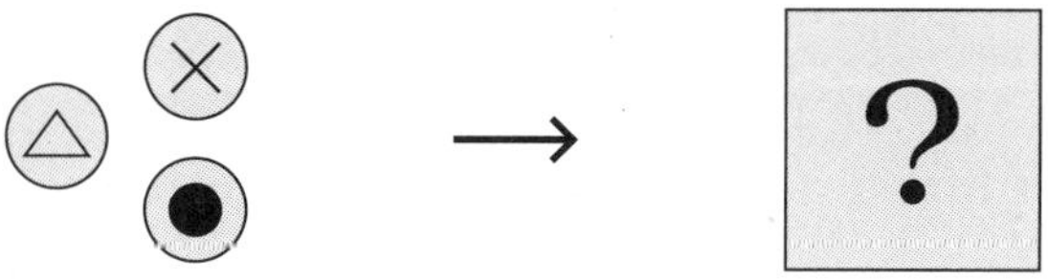

になります

❶

❷

❸

❹

解答欄

□

問4

イラストの動物の名前を、英語で書いてください。

❶ 

❷ 

❸ 

❹ 

❺ 

問5

下の地図に示した県には、それぞれ有名な郷土料理があります。
❶〜❼から選び、番号と郷土料理の名前を記入してください。

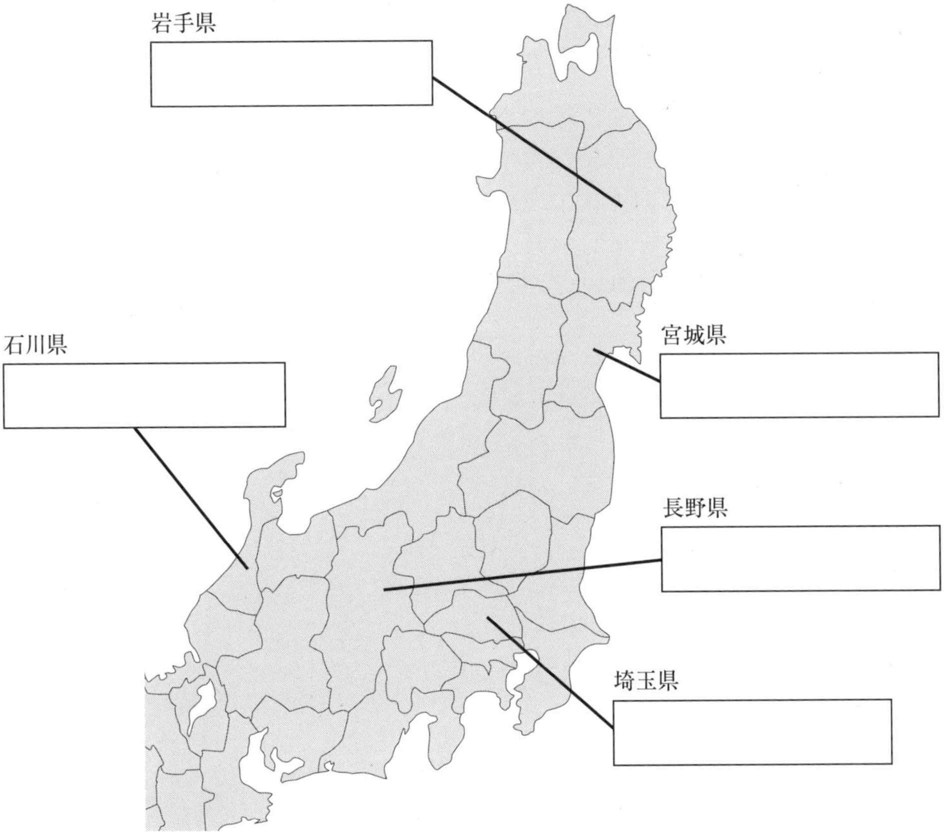

❶わんこそば　❷治部煮　❸ひつまぶし　❹牛タン
❺のっぺ汁　❻おやき　❼草加せんべい

21日めの答えは66ページ

問1

右の四角の中には、1から20までの数字が、ある1つを除いてバラバラに入っています。

欠けている数字を探してください。

4　10　19　3
14　18　5　16
1　6
7　9　13
15　20
2
12　17　11

解答欄

問2

❶〜❸それぞれに、古い出来事の順に1〜3の数字を（　　）に入れてください。

❶（　　）文永の役
（　　）北条泰時が御成敗式目を制定
（　　）弘安の役

❷（　　）鎌倉幕府滅亡
（　　）南北朝統一
（　　）建武の新政

❸（　　）室町幕府滅亡
（　　）キリスト教伝来
（　　）鉄砲伝来

問3

□に適切な言葉を入れて、ことわざを完成させてください。

❶待てば□の日和《ひより》あり

❷人の噂も□

❸地獄の沙汰《さた》も□次第

❹□物には巻かれろ

❺□の顔も三度

問4

正三角形の囲いの中に、サル、クマ、ライオンが入っています。同じ形に3等分し、それぞれの囲いの中に同じ動物がペアで入るようにしてください。
（真ん中にある・は、この三角形の中心点です）

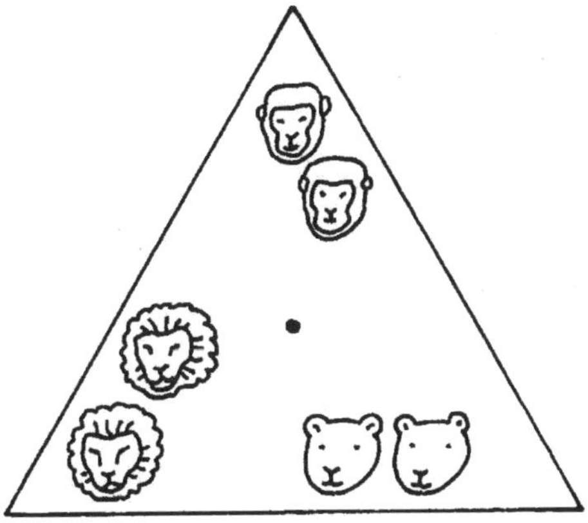

問5

［　　　］の中に適切な語句を入れてください。

❶『異邦人』を書いたアルジェリア生まれのフランスの作家は［　　　］である。

❷『クリスマス・キャロル』で知られるイギリスの作家は［　　　］である。

❸『月と六ペンス』で知られるイギリスの作家は［　　　］である。

❹『戦争と平和』などで知られるロシアの作家は［　　　］である。

❺『武器よさらば』で知られるアメリカの作家は［　　　］である。

問6

［　　　］に適切な語句を入れてください。

❶ヒトの目に入ってきた光は水晶体をとおり、［　　　］上に像を結ぶ。

❷血液の成分のうち、凝《ぎょう》固《こ》に役立つ成分を［　　　］と呼ぶ。

❸メンデルの3法則とは、分離の法則、独立の法則、［　　　］の法則のことをいう。

❹細胞分裂するとき、核内で凝固してひも状になる物質を［　　　］と呼ぶ。

❺糖をグリコーゲンとして貯蔵するヒトの臓器を［　　　］と呼ぶ。

22日めの答えは66ページ

問1

下の選択肢から漢字を1つずつ選んで、四字熟語を完成させてください。ただし、「無関係な漢字」が2つ含まれているので注意しましょう。

□言□色　　□客□倒　　□挙□得

□肉□食　　□路□然

【選択肢】

弱	令	転	巧	二	主
両	奪	一	理	強	整

問2

イラストの植物の名前を、英語で書いてください。

❶ 

❷ 

❸ 

❹ 

❺ 

問3

❶～❸それぞれに、古い出来事の順に1～3の数字を（　）に入れてください。

❶（　　）大化の改新
（　　）聖徳太子が十七条憲法を制定
（　　）遣唐使開始

❷（　　）三世一身の法制定
（　　）平城京遷都
（　　）大宝律令開始

❸（　　）白河上皇が院政を開始
（　　）平清盛が太政大臣になる
（　　）藤原道長が太政大臣になる

問4

［　　　　］の中に適切な語句を入れてください。

❶ **15世紀にランカスターとヨークの両家の王位継承争いによって起こった戦いを［　　　　］戦争という。**

❷ **ルネサンスは、イタリアの都市［　　　　］から始まった。**

❸ **アメリカのルーズベルト大統領が行なった世界大恐慌の克服策を［　　　　］政策という。**

❹ **1945年2月に、米・英・ソ連の3国首脳によって開かれた会談を［　　　　］会談という。**

問5

サンプルのイラストを左右に反転させたとき、正しいのは❶〜❹のうち、どれでしょう。

サンプル

❶

❷

❸

❹

解答欄

23日めの答えは66ページ

問1

８本のつまようじを使って金魚を作りました。この金魚の向きを逆さにするには、最低、何本のつまようじを動かす必要があるでしょう。

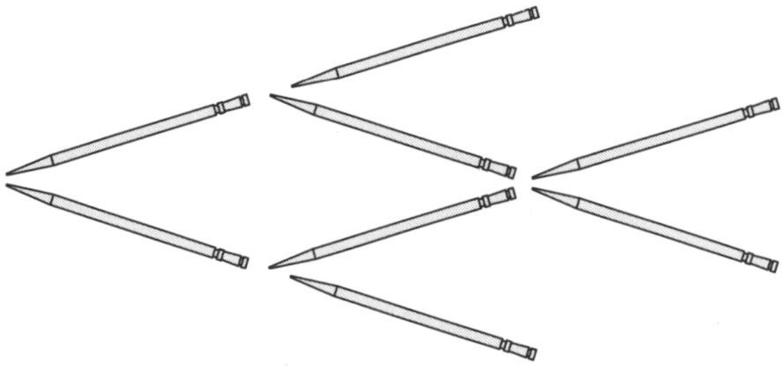

解答欄

❶3本　❷4本　❸5本　❹6本　❺7本

問2

どれも有名な俳句です。□に適切な言葉を入れて完成させてください。

❶□や　蛙飛び込む　水の音

❷春の海　□のたり　のたりかな

❸われと来て　遊べや親の　ない□

❹柿食えば　鐘が鳴るなり　□

❺しずかさや　□　蝉の声

問3

次のものと関係の深いものを下の選択肢から選んでください。
ただし、不要なものが1つ含まれています。

❶白の碁石………□　❷黒の碁石………□

❸朱肉……………□　❹茶碗……………□

❺墨………………□

【選択肢】

スス　水銀　粘土　銅　岩　ハマグリ

問4

［　　　］の中に適切な語句を入れてください。

❶歌曲『野ばら』で知られるオーストリアの作曲家は［　　　］である。

❷『ハンガリー舞曲』で知られるドイツの作曲家は［　　　］である。

❸『小犬のワルツ』『別れの曲』で知られる作曲家は［　　　］である。

❹交響曲第9番『新世界より』で知られる作曲家は［　　　］である。

問5

❶～❹のイラストのうち、同じ組み合わせはどれとどれでしょう。

❶
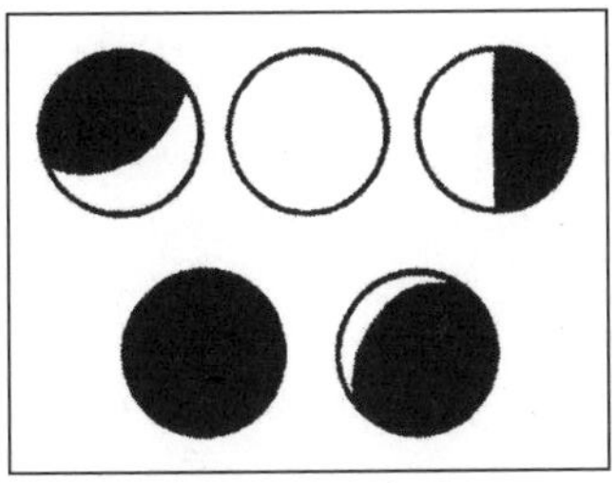

❷
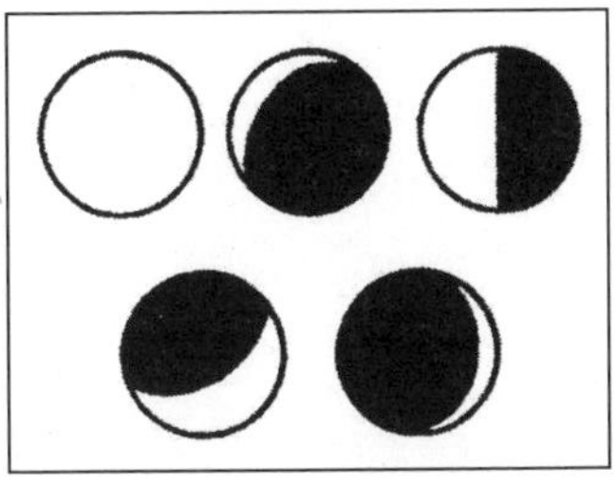

❸
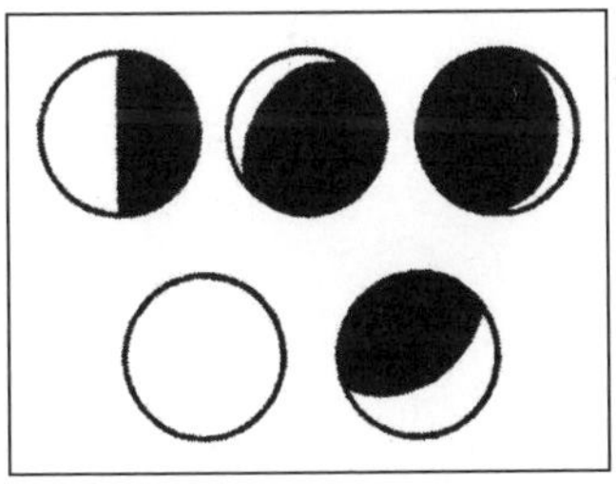

❹
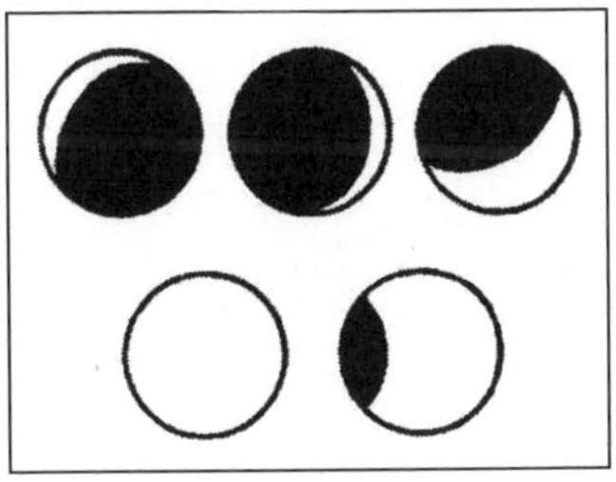

解答欄

［　　　］と［　　　］

問6

日本文学における次の作品の作者を［　　　］の中に記してください。

❶高瀬舟…………［　　　］

❷金色夜叉………［　　　］

❸雪国……………［　　　］

❹夜明け前………［　　　］

❺暗夜行路………［　　　］

24日めの答えは66ページ

問1

漢字1文字が3分割されています。もとの漢字はそれぞれ何でしょう。

❶

解答欄

❷

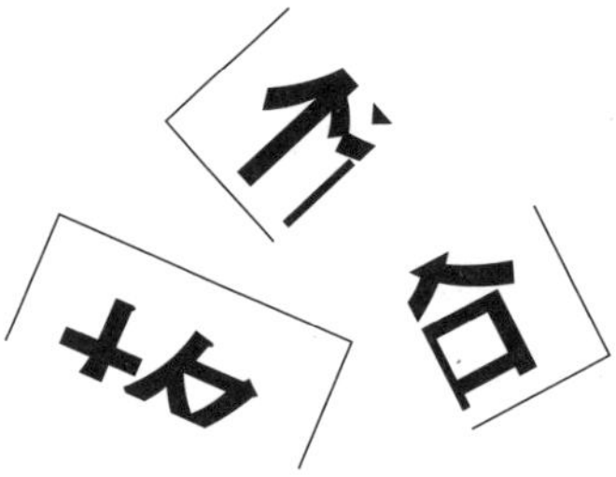

解答欄

問2

外来語を日本語に言い換えて［　　］の中に記入してください。

❶アウトソーシング⇒［　　］

❷ガバナンス⇒［　　］

❸イノベーション⇒［　　］

❹アメニティ⇒［　　］

❺コンプライアンス⇒［　　］

問3

? に入るものを、❶～❹から選んでください。

なら

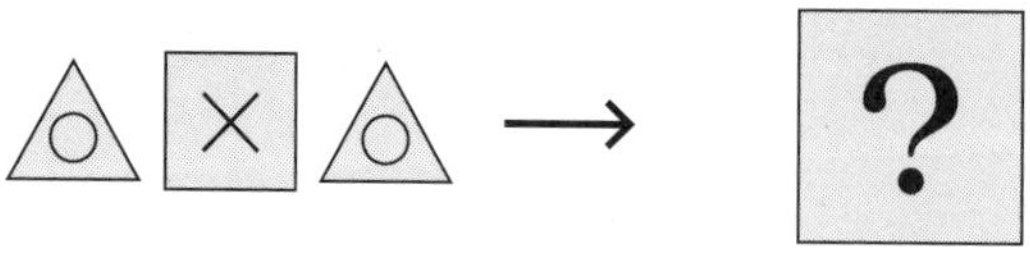

になります

❶

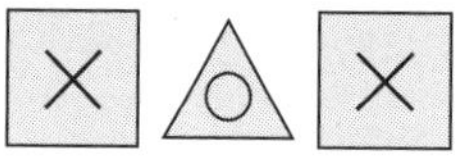

❷

❸

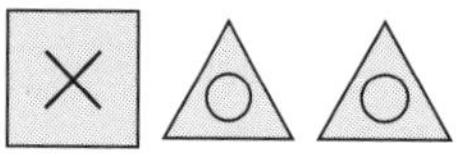

❹

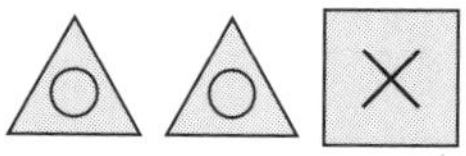

解答欄

問4

サンプルと同じテントウムシの組み合わせは、❶〜❹のうち、どれでしょう。

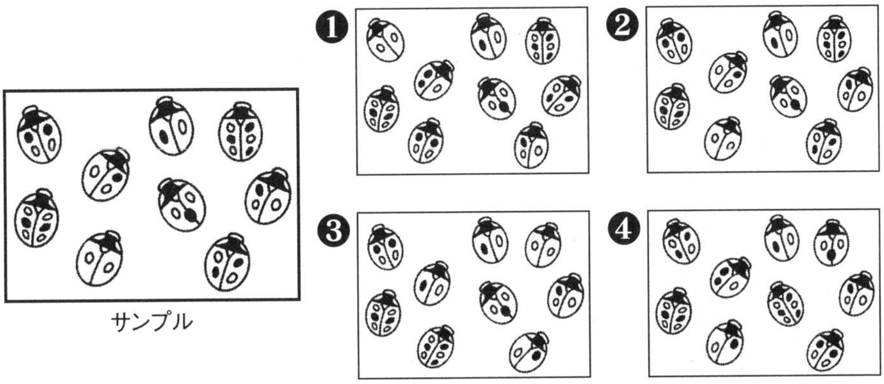

解答欄

問5

下の地図に示した県には、それぞれ有名な郷土料理があります。
❶〜❼から選び、番号と郷土料理の名前を記入してください。

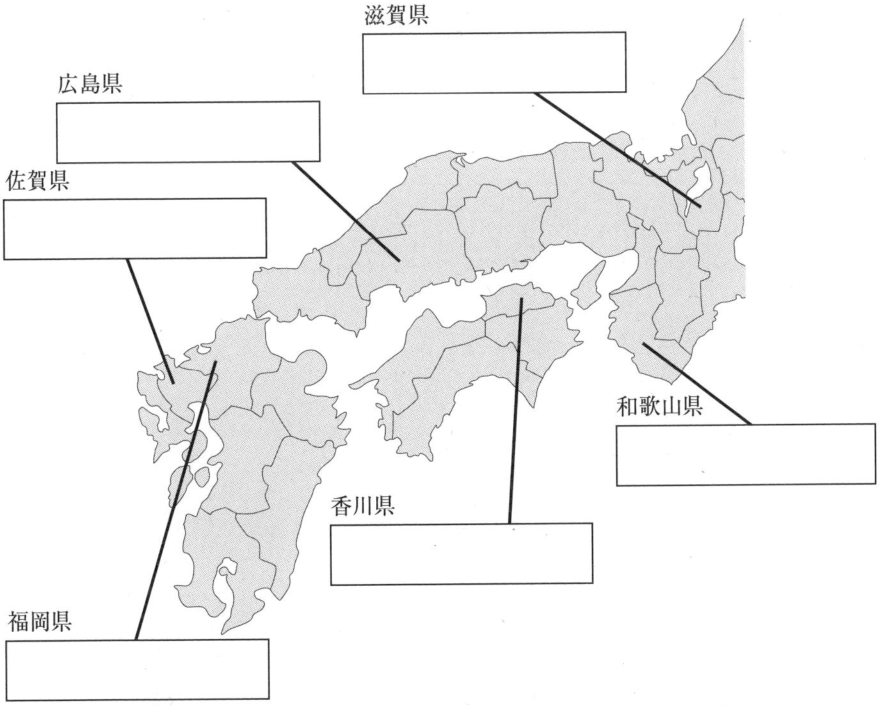

❶皿鉢料理	❷讃岐うどん	❸松浦漬	❹めはりずし
❺水軍鍋	❻ふなずし	❼筑前煮	

25日めの答えは66ページ

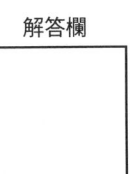

STEP5（21日め～25日め）の答え

21日め

問1	問2	問3	問4	問5
❶蜂 ❷牛 ❸鶴 ❹鯉 ❺馬	❶と❹	❹  左側のマークが真ん中に、右下側のマークがその上下に移動します。	❶whale ❷giraffe ❸crow ❹bear ❺fox	岩手県→❶わんこそば 宮城県→❹牛タン 長野県→❻おやき 埼玉県→❼草加せんべい 石川県→❷治部煮

22日め

問1	問2	問3	問4	問5	問6
8	❶ ❷ ❸ 2 1 3 1 3 2 3 2 1	❶海路 ❷七十五日 ❸金 ❹長い ❺仏	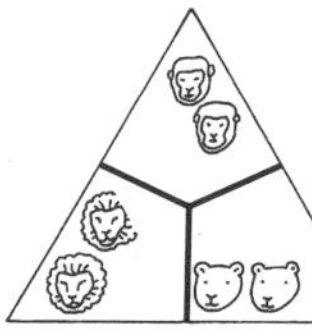	❶カミュ ❷ディケンズ ❸モーム ❹トルストイ ❺ヘミングウェイ	❶網膜 ❷血小板 ❸優性 ❹染色体 ❺肝臓

23日め

問1	問2	問3	問4	問5
巧言令色 主客転倒 一挙両得 弱肉強食 理路整然	❶rose ❷violet ❸maple ❹pine ❺bamboo	❶ ❷ ❸ 3 3 2 1 2 3 2 1 1	❶ばら ❷フィレンツェ ❸ニューディール ❹ヤルタ	❹ 

24日め

問1	問2	問3	問4	問5	問6
❶3本 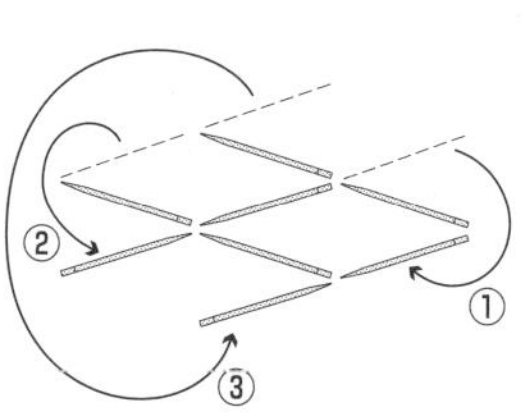	❶古池 ❷ひねもす ❸雀 ❹法隆寺 ❺岩にしみ入る	❶ハマグリ ❷岩 ❸水銀 ❹粘土 ❺スス	❶シューベルト ❷ブラームス ❸ショパン ❹ドヴォルザーク	❷と❸	❶森鷗外 ❷尾崎紅葉 ❸川端康成 ❹島崎藤村 ❺志賀直哉

25日め

問1	問2	問3	問4	問5
❶正 ❷格	❶外部委託 ❷統治 ❸技術革新 ❹快適環境 ❺法令遵守《じゅんしゅ》	❸ 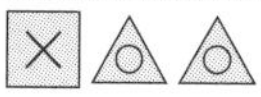 左端と真ん中のデザインが入れ替わり、右端はそのままです。	❷	滋賀県→❻ふなずし 和歌山県→❹めはりずし 広島県→❺水軍鍋 香川県→❷讃岐うどん 佐賀県→❸松浦漬 福岡県→❼筑前煮

チャレンジ！おまけでQ

Q1

迷路にチャレンジ！　直接、書き込みながらGOALを目指してください。

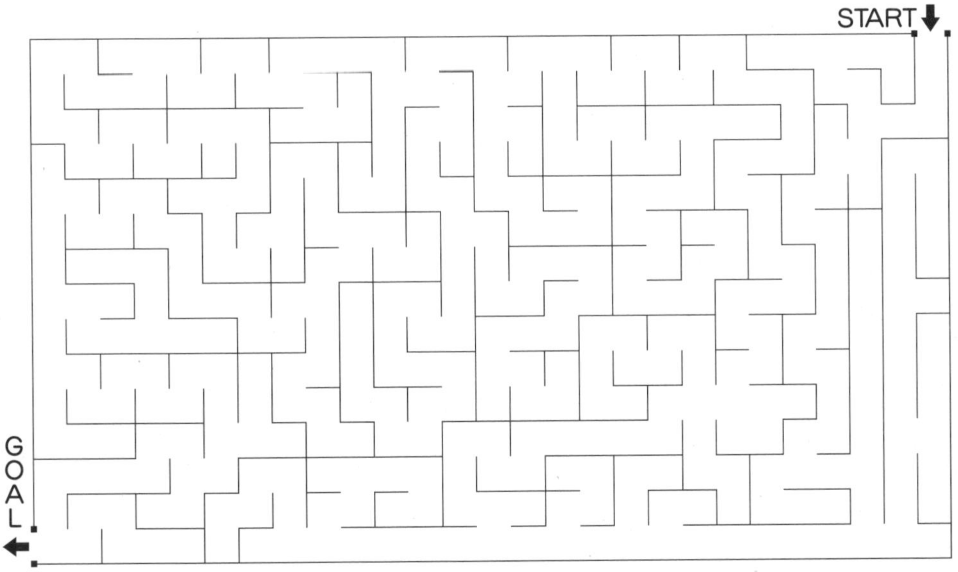

Q2

４個の柿を４人で１つずつ順番に食べることにしました。ただし、甘い柿は１つだけ。残りは渋い柿です。さて、甘い柿を食べるためには、何番目になるのが有利でしょう。

❶１番目　❷２番目　❸３番目　❹４番目

Q1の答え

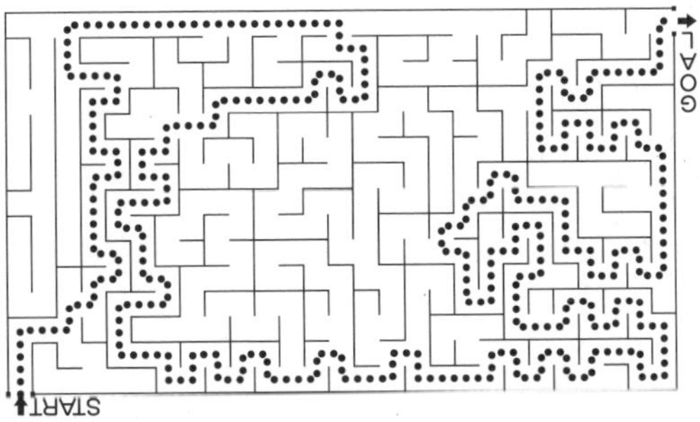

Q2の答え

❹最初の３人が食べた柿が全部渋柿なら、自分が甘い柿を食べればよい。もしも、３人のうち１人が甘い柿を食べたら、自分の番になったとき逃げればよい。

問1

右の四角の中には、1から30までの数字が、ある2つを除いてバラバラに入っています。

欠けている2つの数字を探してください。

8 15 13 2 22
3
21 28
17 1 18 9
7
26 29 14
23
12 25
6 30 19
27 5
16 4
20 10

解答欄

[　　] と [　　]

問2

外来語を日本語に言い換えて[　　]の中に記入してください。

❶トラウマ⇒[　　]

❷シンクタンク⇒[　　]

❸デフォルト⇒[　　]

❹サプリメント⇒[　　]

❺バーチャル⇒[　　]

問3

❶～❸それぞれに、古い出来事の順に1～3の数字を(　　)に入れてください。

❶(　　)日露戦争勃発《ぼつぱつ》
(　　)日清戦争勃発
(　　)大日本帝国憲法発布

❷(　　)第2次世界大戦勃発
(　　)満州事変
(　　)二・二六事件

❸(　　)安政の大獄
(　　)大政奉還
(　　)日米和親条約

問4

［　　］に適切な言葉を入れて、ことわざを完成させてください。

❶［　　］に説法　　❷身から出た［　　］

❸［　　］の魂百まで　　❹江戸の仇《かたき》を［　　］で討つ

❺［　　］の火事

問5

下の絵には、ある法則があります。？の部分に入るのは
❶～❹のどれでしょう。

解答欄

問6

次の英略語にあたる日本語を答えてください。

❶IOC……［　　］　　❷ODA…［　　］

❸IAEA…［　　］　　❹EU……［　　］

❺FTA ……［　　］

26日めの答えは78ページ

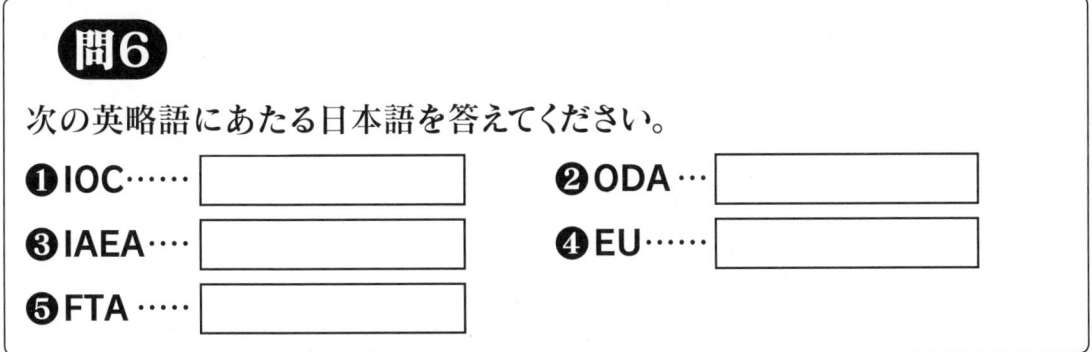

問1

［　　　　］の中に適切な語句を入れてください。

❶永久歯に生えかわる前の歯を［　　　　］と呼ぶ。

❷太陽のような自ら光を発する星を［　　　　］という。

❸天然痘の予防法である種痘法《しゆとうほう》を発見したのは［　　　　］である。

❹振り子の実験で地球の自転を証明したのは［　　　　］である。

❺中間子の存在を予言した日本のノーベル賞学者は［　　　　］である。

問2

つまようじ9本で、3つの正三角形を作りました。この状態から、正三角形を5つ作るには、つまようじを何本動かせばいいでしょう。

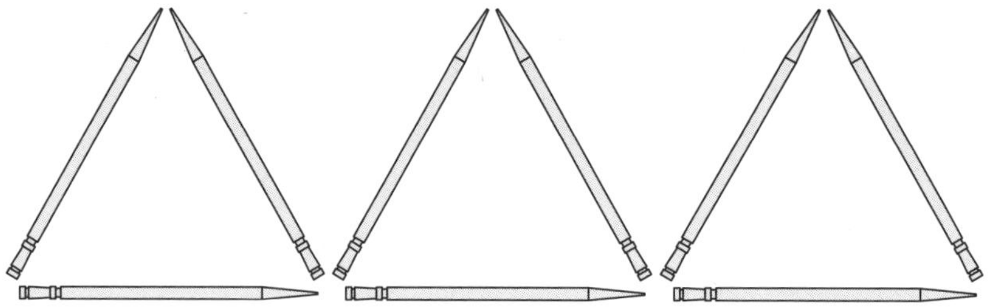

❶1本　❷2本　❸3本　❹4本　❺5本

解答欄

［　　　　］

問3

［　　　　］の中に適切な言葉を入れてください。

❶天気予報における気圧の単位は［　　　　］である。

❷力の三要素とは、力の向き、力の大きさ、そして、力の［　　　　］のことをいう。

❸可視光線の赤よりも波長が長い光を［　　　　］という。

❹音源と観測者が近づくと高い音、遠ざかると低い音に聞こえる現象を［　　　　］効果という。

問4

下の選択肢から漢字を1つずつ選んで、四字熟語を完成させてください。ただし、「無関係な漢字」が2つ含まれているので注意しましょう。

□令□改　　□前□後　　□人□視

□越□舟　　□離□裂

【選択肢】

空	周	朝	絶	衆	支
羽	呉	環	滅	暮	同

問5

下の絵には、ある法則があります。？の部分に入るのは❶～❹のうち、どれでしょう。

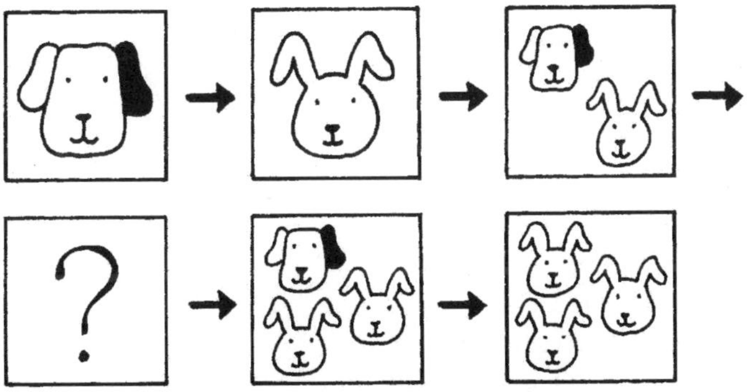

❶ ❷ ❸ ❹

解答欄

問6

日本文学における次の作品の作者を□の中に記してください。

❶草枕…………□

❷羅生門……□

❸黒い雨………□

❹蟹工船……□

❺走れメロス…□

27日めの答えは78ページ

問1

仲間が一匹いません。その動物は❶～❹のうち、どれでしょう。

❶

❷

❸

❹

解答欄

問2

［　　　］に適切な語句を入れてください。

❶「我思う、故《ゆえ》に我あり」と言った近代合理主義哲学の祖は［　　　］である。

❷『純粋理性批判』を著《あらわ》したドイツの哲学者は［　　　］である。

❸「絶望とは死に至る病《やまい》である」と語ったデンマークの哲学者は［　　　］である。

❹エンゲルスとともに社会主義思想を確立し、『資本論』を著した哲学者は［　　　］である。

問3

□の中に適切な語句を入れてください。

❶ 1867年、江戸幕府最後の将軍・徳川慶喜は、政権を朝廷に返上する□を行なった。

❷ 1868年に発布された新政府の基本方針を□という。

❸ 新政府は、西洋に対抗できる国家建設方針として□を唱えた。

❹ 新政府の帝国議会は衆議院と□の二院制だった。

❺ 1937年の□事件を発端に日中戦争が始まった。

問4

ある法則に従って、
数字が配置されています。
? に入る数字は何でしょう。

23	18	4	31	24
48				14
?		・		26
5				12
6	4	13	9	5

解答欄 □

問5

どれも有名な俳句です。□に適切な語句を入れて完成させてください。

❶ 赤い椿　白い椿と □

❷ あら海や　佐渡に横たふ □

❸ 目には青葉　山ほととぎす □

❹ 夏草や　兵《つわもの》どもが □

❺ □ 月は東に　日は西に

28日めの答えは78ページ

問1

9枚の1円玉が、図1のように並んでいます。このうち、2枚の1円玉だけを触《ふ》れて、図2のように並べ替えてください。

図1

図2

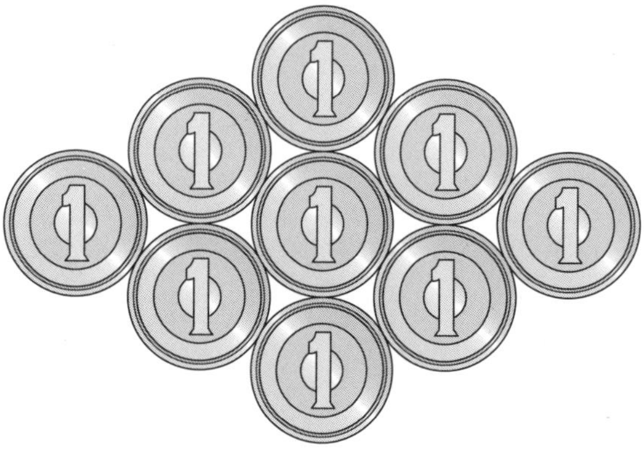

問2

次の物はどんな金属から一般的に作られているでしょうか。下の選択肢から選んでください。ただし、選択肢には1つだけ不要なものが含まれています。

❶奈良の大仏 ……

❷ドアノブ ……

❸小判 ……………

❹スプーン ……

❺高級な食器 ……

【選択肢】

ステンレス　金　真鍮《しんちゅう》　青銅　銀　鉛

問3

［　　　　］の中に適切な語句を入れてください。

❶70歳の異名は古《こ》希《き》。88歳の異名は［　　　　］である。

❷6月の異名は「水無月」。9月の異名は［　　　　］である。

❸阪神タイガースの和田豊監督の出身大学は［　　　　］である。

❹日本一高い山は「富士山」。2番目は南アルプスの［　　　　］である。

問4

右の4つのピースがあります。
組み合わせて正方形を作るのに
不要なピースを1つ選んでください。

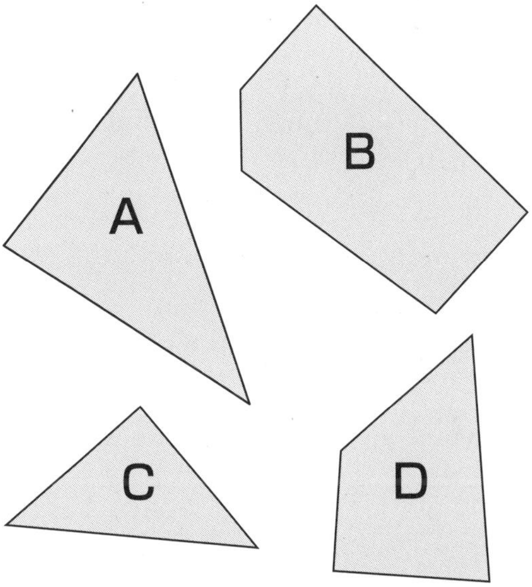

解答欄

［　　　　］

問5

［　　　　］の中に適切な語句を入れてください。

❶1637年に、圧政とキリシタン弾圧から［　　　　］の乱が起こった。

❷江戸時代、欧州で唯一、交易が認められた国は［　　　　］である。

❸江戸幕府が武家を統制するために定めたのは［　　　　］である。

❹江戸幕府がキリシタンを見つけるために行なった検査を［　　　　］という。

❺戦国～江戸時代にかけて発給された貿易の許可証を［　　　　］という。

29日めの答えは78ページ

問1

６枚の10円玉は、それぞれほかの10円玉とくっついています。それでは、すべての10円玉が、それぞれほかの４枚の10円玉とくっつくように置き替えてください。

問2

外来語を日本語に言い換えて　の中に記入してください。

❶モチベーション⇒　

❷ワークショップ⇒　

❸リニューアル⇒　

❹バリアフリー⇒　

❺セカンドオピニオン⇒　

問3

　に適切な言葉を入れて、ことわざを完成させてください。

❶風が吹けば　が儲かる

❷　筆を選ばず

❸　の石

❹　の冷や水

❺　多くして船山に上る

問4

下の図形を点線に沿って2つに分割し、まったく同じ形にしてください。
ひっくり返して同じ形になってもかまいません。

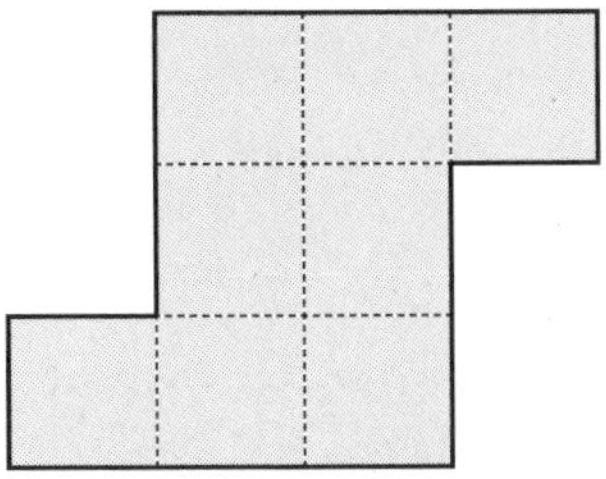

問5

下の地図に記した県には、それぞれ全国生産量1位の特産物があります。
❶〜❼から選び、番号と特産物に名前を記入してください。

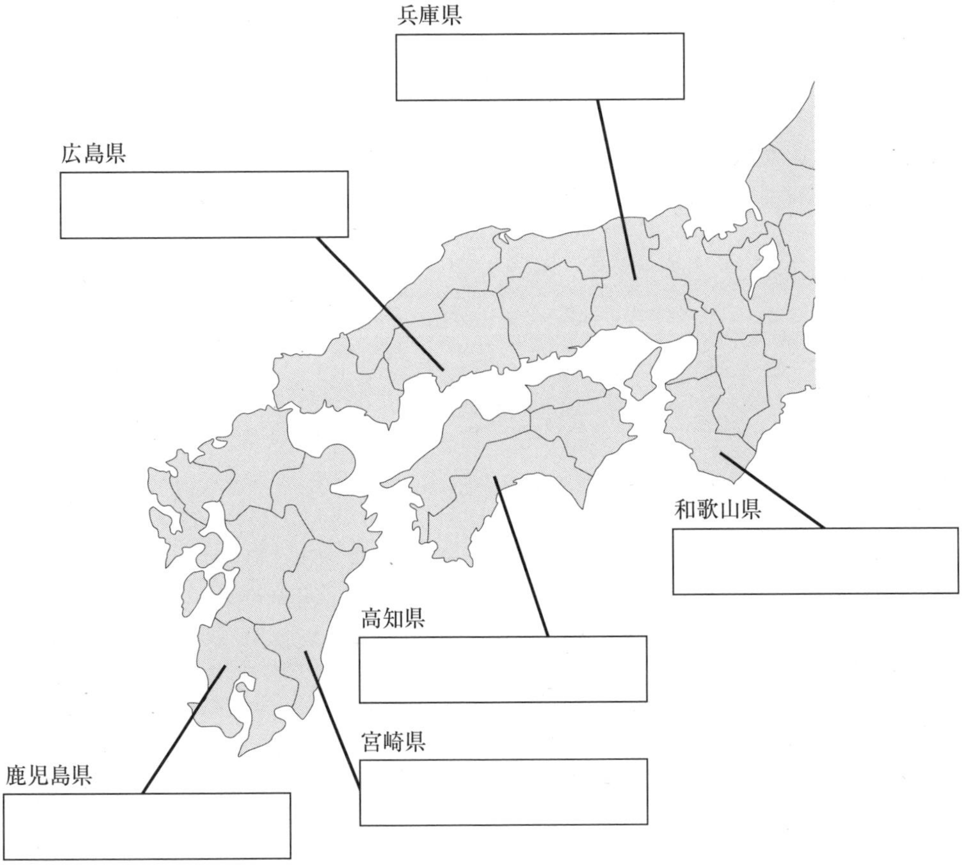

❶しょうが・ししとう・みょうが		❷レタス	❸梅
❹きゅうり	❺さつまいも	❻養殖かき	❼ずわいがに

30日めの答えは79ページ

STEP6（26日め〜30日め）の答え

26日め

問1
11と24

問2
❶心的外傷
❷政策研究機関
❸債務不履行
❹栄養補助食品
❺仮想

問3

❶	❷	❸
3	3	2
2	1	3
1	2	1

問4
❶釈迦
❷錆
❸三つ子
❹長崎
❺対岸

問5
❹
上下・左右で隣り合っているコマの動物の数に注目。真ん中のコマに入る数は、隣り合うコマ2つのうち、多いほうから少ないほうを引いた数です。

問6
❶国際オリンピック委員会
❷政府開発援助
❸国際原子力機関
❹欧州連合
❺自由貿易協定

27日め

問1
❶乳歯
❷恒星
❸ジェンナー
❹フーコー
❺湯川秀樹

問2
❸3本

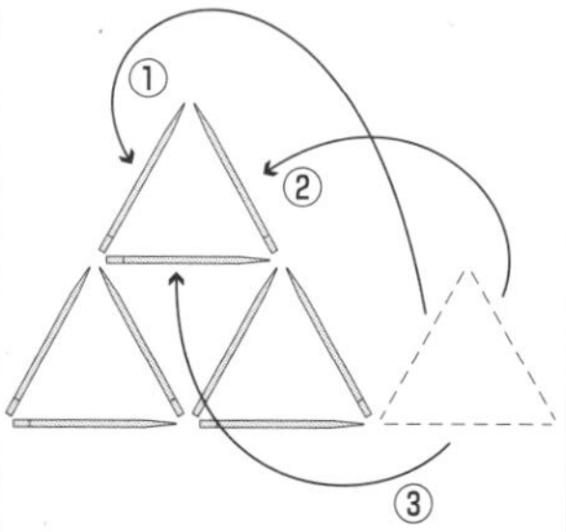

問3
❶ヘクトパスカル
❷作用点
❸赤外線
❹ドップラー

問4
朝令暮改
空前絶後
衆人環視
呉越同舟
支離滅裂

問5
❹
犬がウサギに変わり、次に犬が1匹増えると、その犬がウサギに変わる……というルールで変化します。

問6
❶夏目漱石
❷芥川龍之介
❸井伏鱒二
❹小林多喜二
❺太宰治

28日め

問1
❷
イラストに登場するのは、すべて干支の動物です。その中で欠けているのが馬です。

問2
❶デカルト
❷カント
❸キルケゴール
❹マルクス

問3
❶大政奉還
❷五箇条の御誓文
❸富国強兵
❹貴族院
❺盧溝橋

問4
8

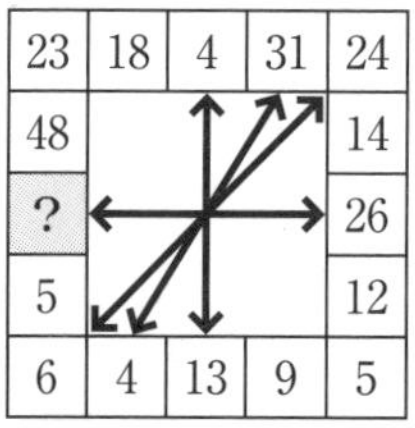

対角にある2つの数字を比べたとき、大きいほうの数字の「10の位」と、「1の位」の数の合計が、小さいほうの数字になります。

問5
❶散りにけり
❷天の川
❸初鰹
❹夢の跡
❺菜の花や

29日め

問1

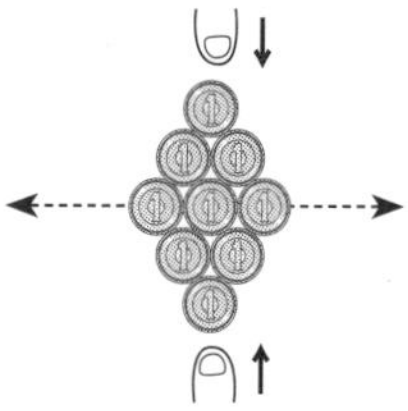

いちばん上と下の1円玉を左手と右手の人さし指でゆっくり押していけば、横に広がっていきます。

問2
❶青銅
❷真鍮
❸金
❹ステンレス
❺銀

問3
❶米寿
❷長月
❸日本大学
❹北岳

問4
下の図の通り、Aが不要です

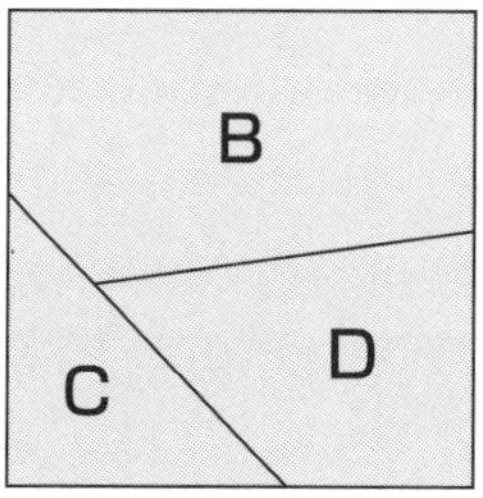

問5
❶島原
❷オランダ
❸武家諸法度
❹踏み絵
❺朱印状

30日め	問1	問2	問3	問4	問5
	 このように並べると、すべての10円玉が、4枚の10円玉とくっつきます。	❶動機付け ❷研究集会 ❸刷新 ❹障壁のない ❺第二診断	❶桶屋 ❷弘法 ❸他山 ❹年寄り ❺船頭	下の3つのうち、1つできればOK 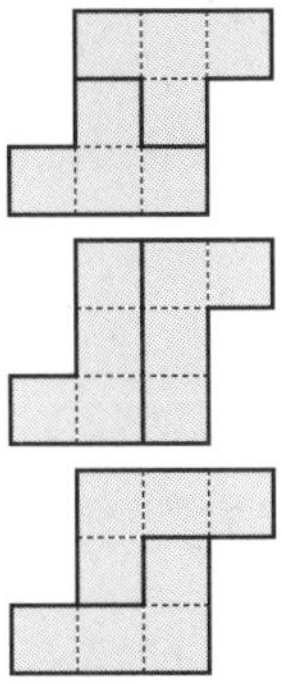	兵庫県→❼ずわいがに 和歌山県→❸梅 広島県→❻養殖かき 高知県→❶しょうが・ししとう・みょうが 宮崎県→❹きゅうり 鹿児島県→❺さつまいも

チャレンジ！おまけでQ

Q1

正方形の紙をハサミで切るだけでできる図形は、A～Dのうち、どれでしょう。

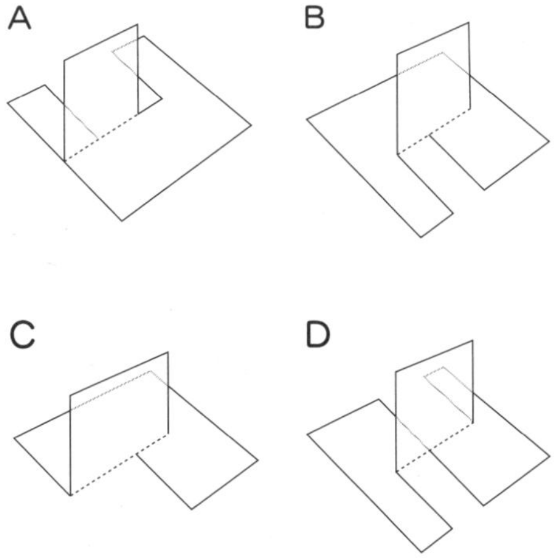

Q2

図のような迷路の中央部にダイヤモンドがあります。❶から⑳までのうち、どの入り口から入れば、ダイヤモンドを手に入れることができるでしょう。

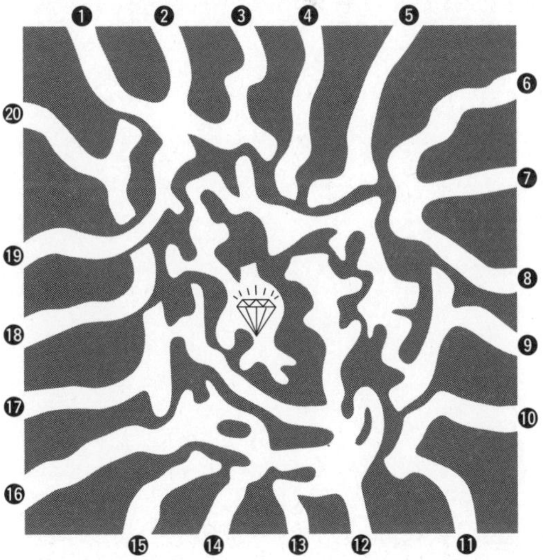

Q1の答え

D
左のように完成形からさかのぼって考えるとわかりやすくなります。

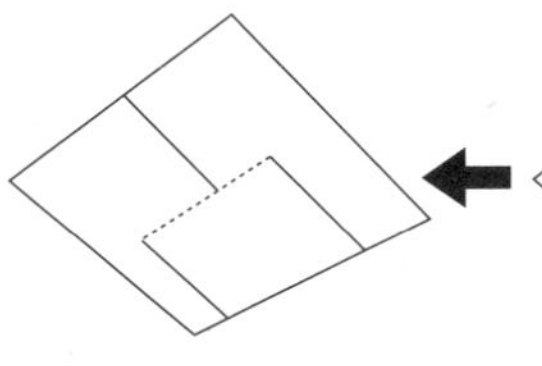

Q2の答え ❻

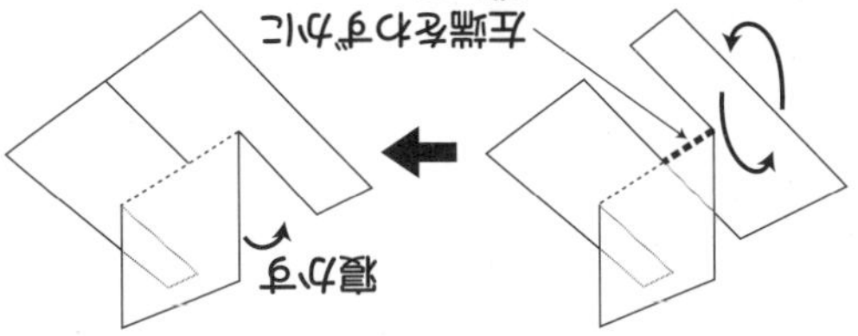

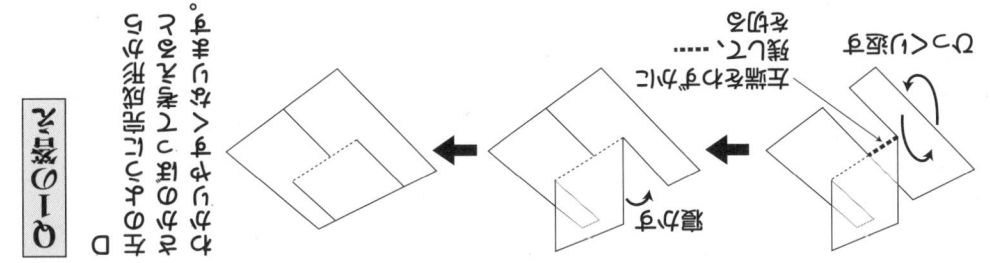

問1

図1のように、1円玉・5円玉・10円玉がそれぞれ2枚ずつ並んでいます。このうち2枚のコインだけに触って、図2のように並べ替えてください。

図1

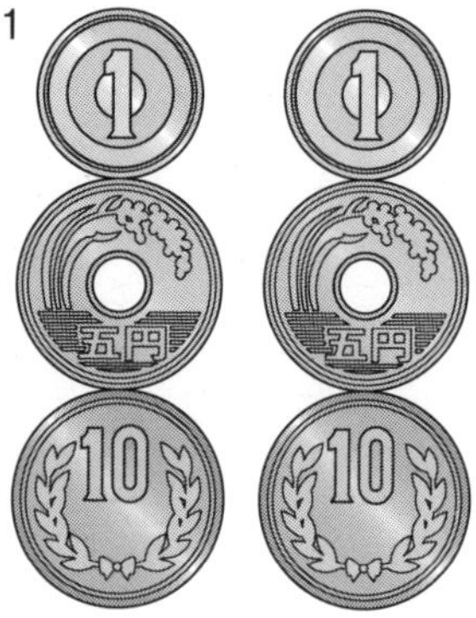

→

図2

問2

□の中に適切な語句を入れてください。

❶1498年にインド航路を開いたのは□である。

❷16世紀に世界一周を達成した冒険家は□である。

❸コペルニクスやガリレイが唱えた説を□という。

❹ルネサンス期を代表する多才の人物で、絵画『モナ・リザ』の作者は□である。

❺免罪符の販売を認めたローマ教皇を強く批判したドイツの宗教家は□である。

問3

下線を引いた漢字には、間違いがあります。正しく直してください。

❶源稿の締め切りがせまる。……………………□

❷新しい洗曜機を購入する。……………………□

❸活躍した野球選手の年棒を調べる。…………□

❹新しい決まりを道入する。……………………□

❺専問家の話を聞きにいく。……………………□

問4

❶～❺の動物の肉の別名を、下の選択肢から選んでください。

❶ウマ

□

❷イノシシ

□

❸シカ

□

❹ニワトリ

□

❺ウサギ

□

【選択肢】

カシワ　ツキヨ　モミジ　サクラ　タガモ　ラム　ボタン

問5

□の中に適切な語句を入れてください。

❶日本で最南端にある島といえば□である。

❷日本の国鳥は□である。

❸オリンピックの「五輪の旗」に描かれている5つの輪の色は□、□、□、□、□の5色である。

❹日本列島を囲む4つの海は、日本海、東シナ海、□、太平洋である。

❺大相撲の三賞といえば、殊勲賞、敢闘賞、□である。

31日めの答えは90ページ

問1

［　　　　］の中に適切な語句を入れてください。

❶「花の中三トリオ」と呼ばれた3人は、山口百恵、［　　　　］、森昌子である。

❷「元祖三人娘」として、1950年代後半に活躍した3人は、美空ひばり、江利チエミ、［　　　　］である。

❸ゲームソフト『ドラゴンクエスト』シリーズの音楽を作曲している人といえば［　　　　］である。

❹子門真人が歌い、454万枚という驚異的な売り上げとなった曲名は［　　　　］である。

❺「きゃりーぱみゅぱみゅ」や「Perfume」の音楽プロデューサーといえば［　　　　］である。

問2

下にあるような「立方体の展開図」を組み立てたとき、
5の面と平行な面にある数字を答えてください。

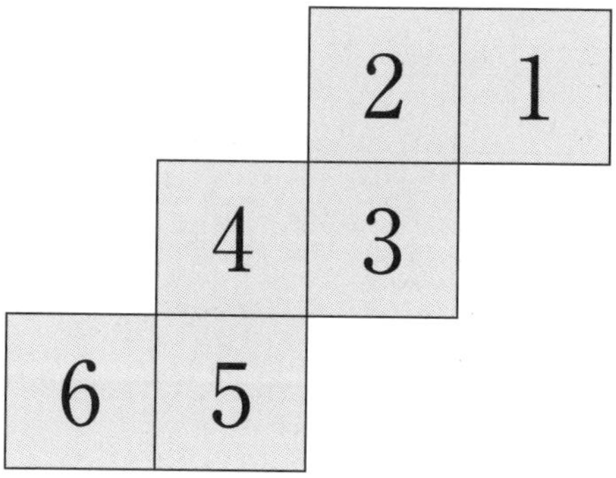

解答欄

［　　］

問3

下にある4つの図形のうち、3つを組み合わせると円になります。
不要な図形は❶～❹のうち、どれでしょう。

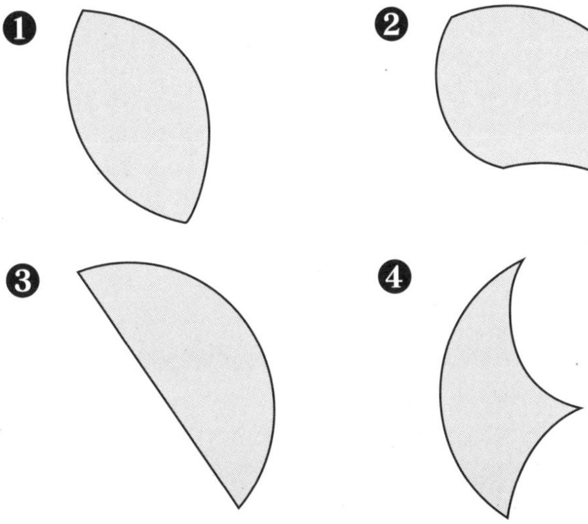

解答欄

問4

□の中に適切な語句を入れてください。

❶地球の陸地と海洋の面積の比はおよそ□対□である。

❷世界に大陸の数は□つある。

❸赤道面と地球の中心からの角度を□という。

❹兵庫県明石市を通る日本標準時は、東経□度である。

❺南アメリカにあるエクアドルの国名の意味は□である。

問5

次の漢字の読み仮名を（　　　　）の中に記入してください。

❶折衷（　　　　　　）案を提示する。

❷果実を圧搾（　　　　　　）する。

❸世間に流布（　　　　　　）する噂が絶えない。

❹汚職事件で大臣を更迭（　　　　　　）する。

❺良心の呵責（　　　　　　）に耐え切れない。

32日めの答えは90ページ

問1

つまようじ８本で作ったイスが２つ並んでいます。つまようじを2本動かして、イスを片づけてください。

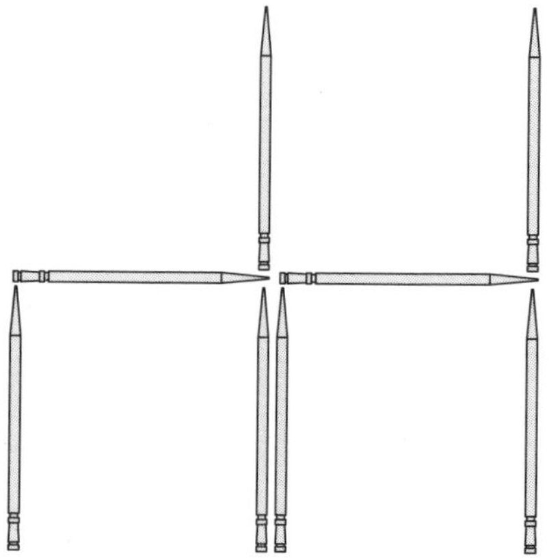

問2

弥生さんがもらったお年玉の合計は3万1000円で、お札を数えてみると、1万円札、5000円札、1000円札の合計は10枚でした。
さて、それぞれのお札の枚数を答えてください。

問3

❶～❸それぞれに、古い出来事の順に１～３の数字を（　　）に入れてください。

❶（　　）コロンブス、アメリカ上陸
（　　）マゼラン世界一周
（　　）ルターの宗教改革

❷（　　）清教徒革命勃発《ぼっぱつ》
（　　）名誉革命勃発
（　　）ドイツ30年戦争勃発

❸（　　）アヘン戦争勃発
（　　）アメリカ独立宣言
（　　）フランス革命

問4

［　　　　］の中に適切な語句を入れてください。

❶〝尼将軍〟と言われた源頼朝の妻の名は［　　　　］である。

❷『東方見聞録』を著《あらわ》し、日本を〝黄金の国〟と紹介したイタリア人の名は［　　　　］である。

❸『徒然草』を著したのは［　　　　］である。

❹［　　　　］・［　　　　］らによって作られた東大寺南大門にある像を金剛力士像という。

❺室町時代後期の京都を中心に起こり、戦国時代の幕開けとなった戦乱を［　　　　］という。

問5

□の中に適切な漢字を入れて、四字熟語を完成させてください。

❶□三□四　❷□奔□走

❸□刻□金　❹□耕□読

❺□千□千

問6

❶～❸それぞれに、古い出来事の順に1～3の数字を（　　）に入れてください。

❶（　　）クリミア戦争
（　　）アメリカ南北戦争勃発
（　　）セポイの乱

❷（　　）国際連盟成立
（　　）ロシア革命
（　　）第一次世界大戦勃発

❸（　　）イングランドとスコットランド合併
（　　）ハノーヴァー朝設立
（　　）権利章典の成文化

33日めの答えは90ページ

問1

下の式は、ある法則に従って点数がつけられています。
? に入る数字は何でしょう。

★43★23＝7点

★2133★＝9点

★4★537＝4点

★578★9＝?点

解答欄

問2

いちばん右側の ? には、どの数のサイコロの目が入るでしょう。

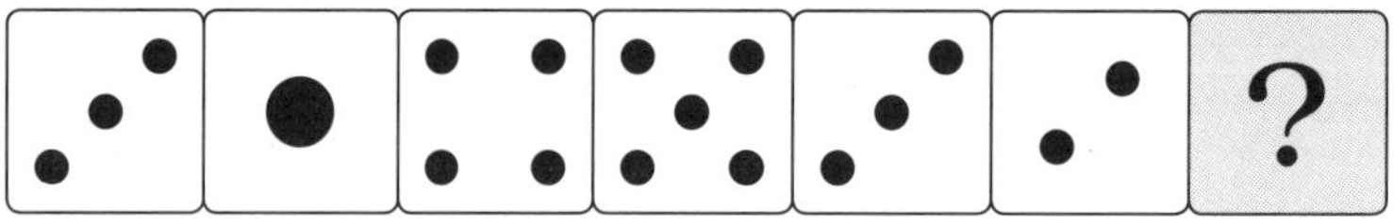

解答欄

問3

＿＿＿＿の中に適切な語句を入れてください。

❶九州南部に広がる火山灰が積もった台地を＿＿＿＿台地と呼ぶ。

❷火山や温泉の熱を利用した発電方法を＿＿＿＿と呼ぶ。

❸中国・四国の地方中枢都市は＿＿＿＿市である。

❹近畿地方の南部を走る険しい山地を＿＿＿＿山地と呼ぶ。

❺京都市街に見られる京都独特の建築様式を＿＿＿＿と呼ぶ。

問4

同じ読み方をするカタカナの単語を、漢字で書き分けてください。

❶ 戦後日本はキョウイ的な進歩を遂げた。………［　　　］

相手チームの実力にキョウイを感じる。………［　　　］

健康診断でキョウイを測定した。…………………［　　　］

❷ グンシュウ心理に陥るのはよくない。…………［　　　］

グンシュウに声援を送られて演説を行う。……［　　　］

❸ 廃棄物の違法トウキを取り締まる。……………［　　　］

新しい会社のトウキを行った。……………………［　　　］

トウキ目的で土地を購入した。……………………［　　　］

旅行すると必ずトウキのお土産を買う。…………［　　　］

問5

［　　　］の中に適切な語句を入れてください。

❶ ウィーン古典派の三大作曲家といえば、モーツァルト、［　　　］、ベートーベンである。

❷ 走り高跳びはハイジャンプ、三段跳びはトリプルジャンプ、そして走り幅跳びは［　　　］と呼ばれる。

❸ 日本人メジャーリーガーで〝トルネード投法〟といえば［　　　］である。

❹ ボウリングで1投目に倒せなかったピン同士の間隔が1本以上開いている状態を［　　　］という。

❺ ボールを足で蹴って相手のコートへ入れる、マレーシアで生まれたスポーツを［　　　］という。

34日めの答えは90ページ

35日め【中級編・STEP7】

問1

つまようじを11本使って、ブタを作りました。

❶つまようじを2本動かして、
ブタに後ろを向かせてください。

❷つまようじを2本動かして、
ブタを寝かせてください。

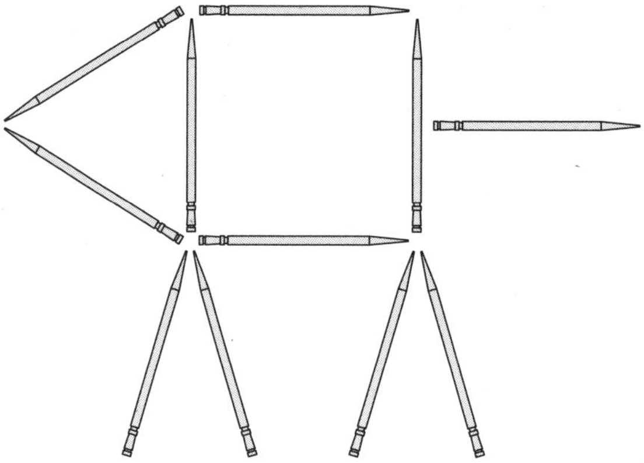

問2

□の中に適切な語句を入れてください。

❶商売がうまくいかない状態を□が鳴くという。

❷犬の美容師を□という。

❸グルメや旅行のランキングを星の数で示すことで知られるガイドブックのスポンサーは□である。

❹日本人初の女性宇宙飛行士の名前は□である。

❺サイコロの1の目の裏側の目の数は□である。

問3

次の時事関連の英単語を日本語に訳してください。

❶politics ⇒ □

❷election ⇒ □

❸budget ⇒ □

❹diplomat ⇒ □

❺weapon ⇒ □

問4

7枚の10円玉がタテとヨコに
4枚ずつ並んでいます。
このうち2枚を動かして、タテ・
ヨコが5枚ずつになるように
並べ替えてください。

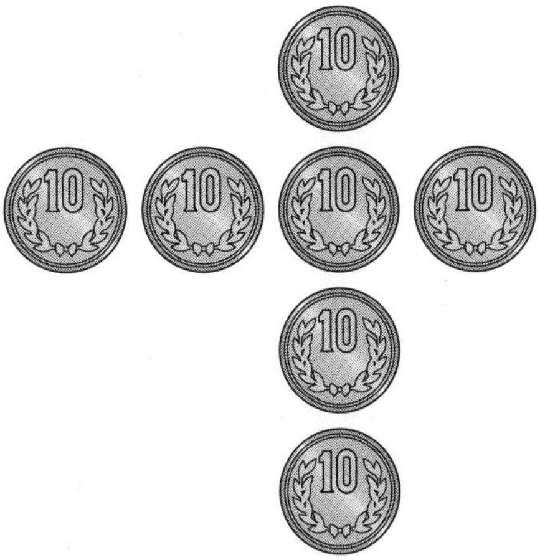

問5

下の式は、ある法則に従って点数がつけられています。
? に入る数字は何でしょう。

7×3＋2＝13点

6＋4×8＝32点

5＋9＋1＝45点

3＋2×8＝ ? 点

解答欄

問6

❶～❸それぞれに、古い出来事の順に1～3の数字を（　　）に
入れてください。

❶（　　　）平清盛が太政大臣に
（　　　）平治の乱
（　　　）保元の乱

❷（　　　）源義親の乱
（　　　）鳥羽上皇の院政開始
（　　　）中尊寺金色堂建立

❸（　　　）建仁の乱（城氏一族の乱）
（　　　）源頼朝の乱
（　　　）栄西が臨済宗を伝える

35日めの答えは90ページ

STEP7（31日め〜35日め）の答え

31日め

問1	問2	問3	問4	問5
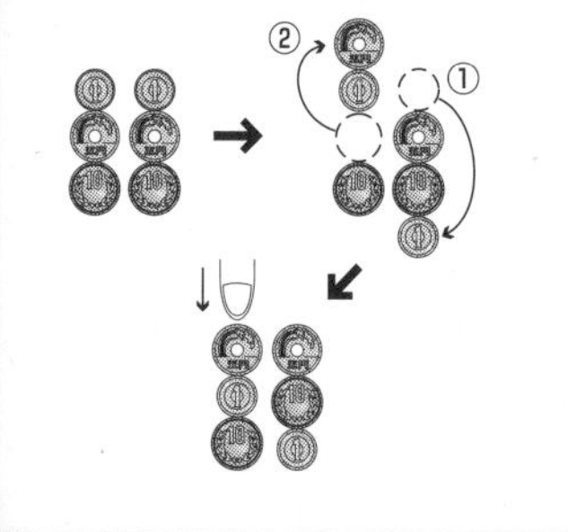	❶ヴァスコ・ダ・ガマ ❷マゼラン ❸地動説 ❹レオナルド・ダ・ヴィンチ ❺ルター	❶原稿 ❷洗濯機 ❸年俸 ❹導入 ❺専門家	❶サクラ ❷ボタン ❸モミジ ❹カシワ ❺ツキヨ	❶沖ノ鳥島 ❷キジ ❸黒、青、赤、緑、黄 ❹オホーツク海 ❺技能賞

32日め

問1	問2	問3	問4	問5
❶桜田淳子 ❷雪村いづみ ❸すぎやまこういち ❹およげ！たいやきくん ❺中田ヤスタカ	2 わからないときには、実際に展開図を作って組み立ててみましょう。	❸ 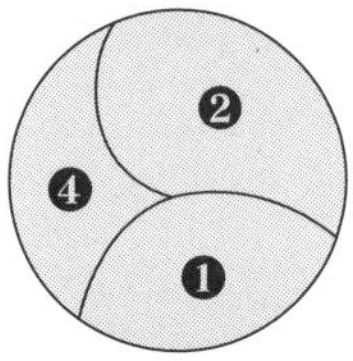	❶3、7 ❷6 ❸緯度 ❹135 ❺赤道	❶せっちゅう ❷あっさく ❸るふ ❹こうてつ ❺かしゃく

33日め

問1	問2	問3	問4
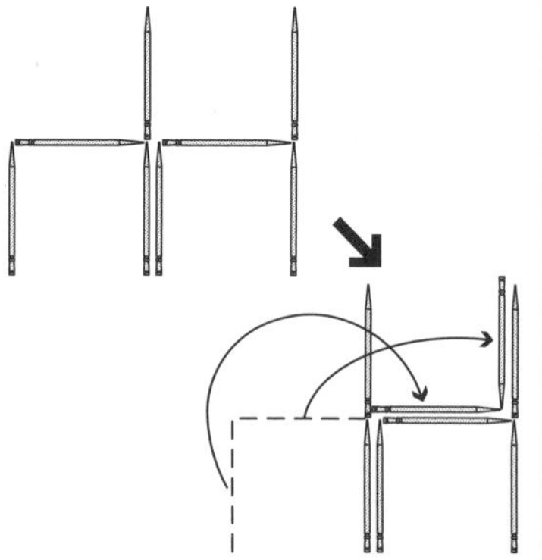	1万円札→1枚 5000円札→3枚 1000円札→6枚	❶ ❷ ❸ 1 2 3 3 3 1 2 1 2	❶北条政子 ❷マルコ・ポーロ ❸吉田兼好 ❹運慶、快慶 ❺応仁の乱

問5	問6
❶朝三暮四 ❷東奔西走 ❸一刻千金 ❹晴耕雨読 ❺海千山千	❶ ❷ ❸ 1 3 2 3 2 3 2 1 1

34日め

問1	問2	問3	問4	問5
20 ★と★のあいだの数字の和が答えになります。	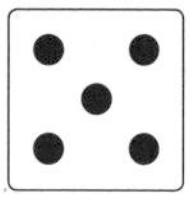 前の2つのサイコロの合計が次のサイコロの目になります。6を超えると、6を引いた数が次のサイコロの目になります。	❶シラス ❷地熱発電 ❸広島 ❹紀伊 ❺京町屋	❶驚異、脅威、胸囲 ❷群集、群衆 ❸投棄、登記、投機、陶器	❶ハイドン ❷ロングジャンプ ❸野茂英雄 ❹スプリット ❺セパタクロー

35日め

問1	問2	問3	問4	問5	問6
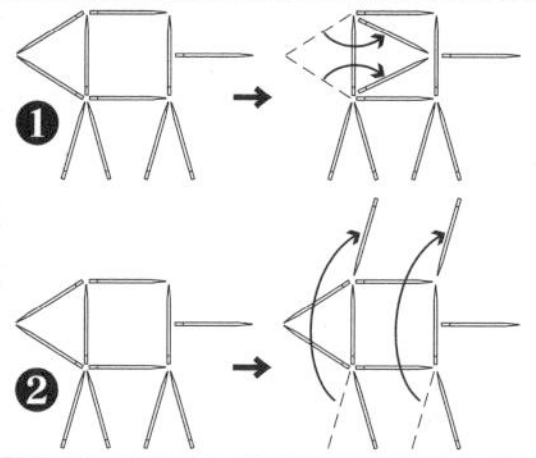	❶閑古鳥 ❷トリマー ❸ミシュラン ❹向井千秋 ❺6	❶政治 ❷選挙 ❸予算 ❹外交官 ❺武器	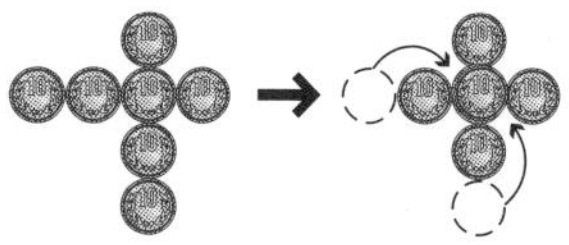 タテとヨコが交差する10円玉の上に、2枚の10円玉を重ねます。	14 ×と＋の役割が逆になっています。	❶ ❷ ❸ 3 1 3 2 3 2 1 2 1

上級編

【STEP8】～【STEP10】の15日間

1日ぶんを解いたら、
□に✓を入れていきましょう。

【STEP8】

36日め …………□
37日め …………□
38日め …………□
39日め …………□
40日め …………□

【STEP9】

41日め …………□
42日め …………□
43日め …………□
44日め …………□
45日め …………□

【STEP10】

46日め …………□
47日め …………□
48日め …………□
49日め …………□
50日め …………□

問1

□の中に適切な語句を入れてください。

❶最近ではあまり見られない2000円札に描かれている肖像は□である。

❷童謡『あんたがたどこさ』で、狸《たぬき》がいた山は□である。

❸漫画『サザエさん』に登場する、サザエさんの夫のフルネームは□である。

❹1996年に発売され、大ヒットした携帯玩具は□である。

問2

次の漢字の読み方を□に記入してください。

❶胡坐　⇒ □

❷海豹　⇒ □

❸紫陽花　⇒ □

❹烏賊　⇒ □

❺海豚　⇒ □

問3

次のカタカナ語を英語にしてください。

❶ボランティア　⇒ □

❷スケジュール　⇒ □

❸リハーサル　⇒ □

❹クーポン　⇒ □

❺エスニック　⇒ □

問4

下の図式は、ある法則に従って点数がつけられています。
? に入る数字は何でしょう。

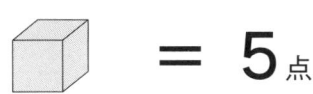

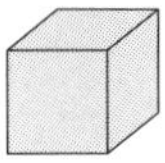 ＝ 5点

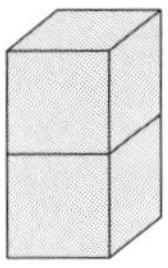 ＝ 9点

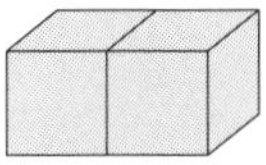 ＝ 8点

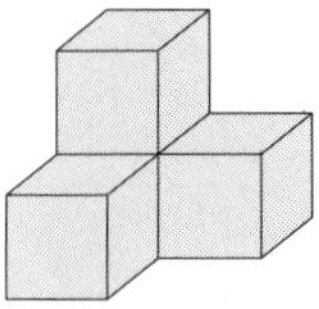 ＝ ? 点

解答欄 □

問5

下のキーワードに関連する科学者の名前を□の中に記入してください。

❶テコの原理　⇒ □

❷ベンゼンの発見　⇒ □

❸ダイナマイトの発明　⇒ □

❹原子モデルの提唱　⇒ □

❺ビタミンB_1の発見　⇒ □

問6

下の数字は、ある法則に従って並んでいます。
□の中に適切な数字を入れてください。

❶　1、2、4、7、□、16

❷　1、4、9、□、25

❸　3、6、12、□、48

❹　2、6、18、□、162

❺　1、2、1、3、□、4

36日めの答えは102ページ

問1

下の図には、ある法則があります。?の中に入る数字を答えてください。

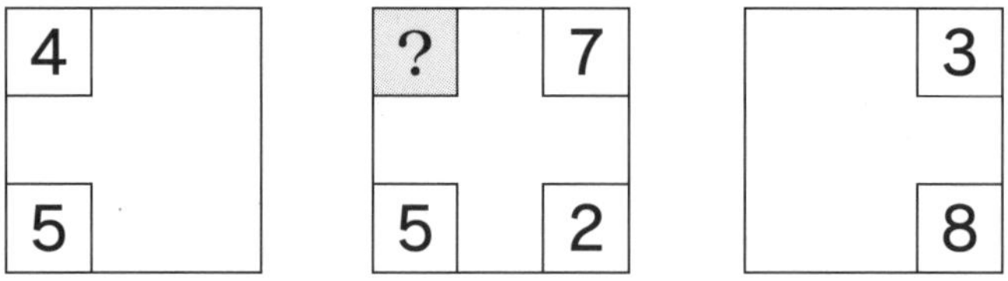

解答欄

問2

下の図には、ある法則があります。?の中に入る数字を答えてください。

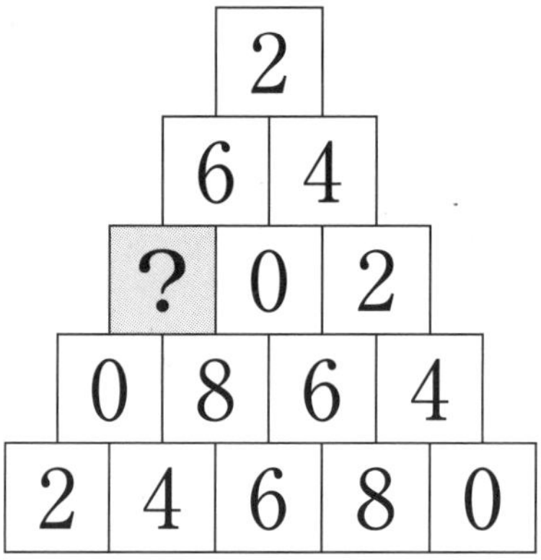

解答欄

問3

＿＿＿＿に適切な語句を入れてください。

❶ヒトの神経系は＿＿＿＿と呼ばれる神経細胞からできている。

❷ヒトが食べたものは口から入り、大腸を経《へ》て排出される。これら食物を運ぶ器官を＿＿＿＿という。

❸自然界の生物同士における「食べる・食べられる」という関係によるつながりを＿＿＿＿という。

❹唾液に含まれる＿＿＿＿にはデンプンを分解するはたらきがある。

❺植物は、葉緑体《ようりょくたい》の中で＿＿＿＿をおこなう。

問4

□の中に適切な語句を入れてください。

❶1998年と2010年に行なわれたサッカーのワールドカップで日本代表を率《ひき》いた監督は□である。

❷イタリアのサッカーリーグの愛称は□である。

❸2002年のサッカーワールドカップ日韓大会でベスト16の成績を挙げた日本代表監督は□である。

❹サッカーの国際Aマッチにおいて、もっとも出場回数の多い男子日本代表選手は□である。

問5

次の英語の反意語を、英語で□に記入してください。

❶balance ⇔ □

❷experience ⇔ □

❸agree ⇔ □

❹happiness ⇔ □

❺ordinary ⇔ □

問6

□に漢字を1文字入れて、左の文の意味に合う言葉を完成させてください。

❶身近でありふれていること……………………………………卑□

❷表面上よく見せかけること……………………………………□飾

❸その場しのぎの間に合わせ……………………………………姑□

❹精神的な疲れ……………………………………………………心□

❺人をまるめこんで従わせること………………………………懐□

37日めの答えは102ページ

問1

次の図には、ある法則があります。?の中に入る図形は、
下の❶〜❹のうち、どれでしょう。

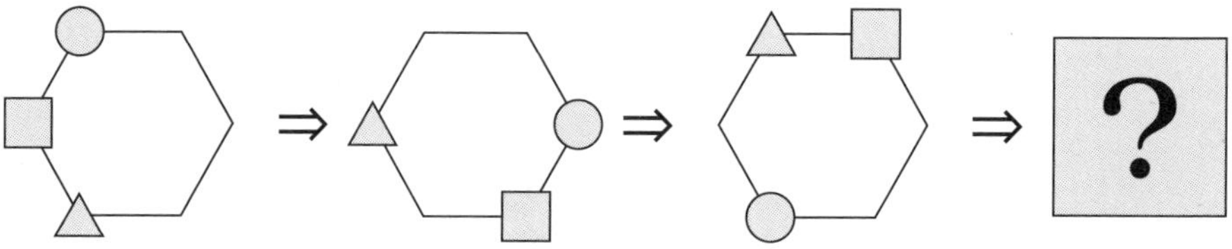

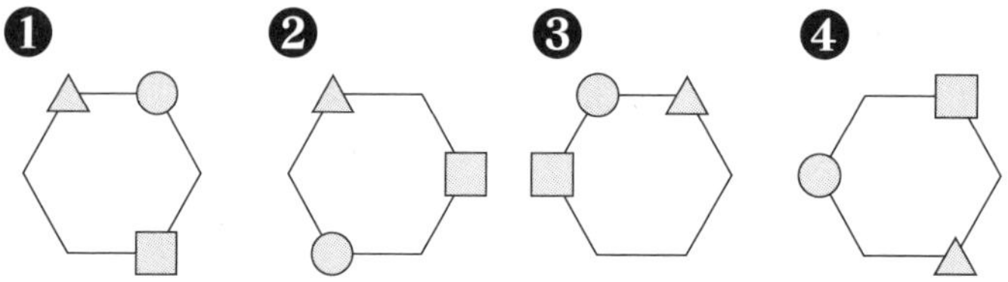

解答欄

問2

次の図形を点線に沿って2つに分割し、まったく同じ形にしてください。
ひっくり返して同じ形になってもかまいません。

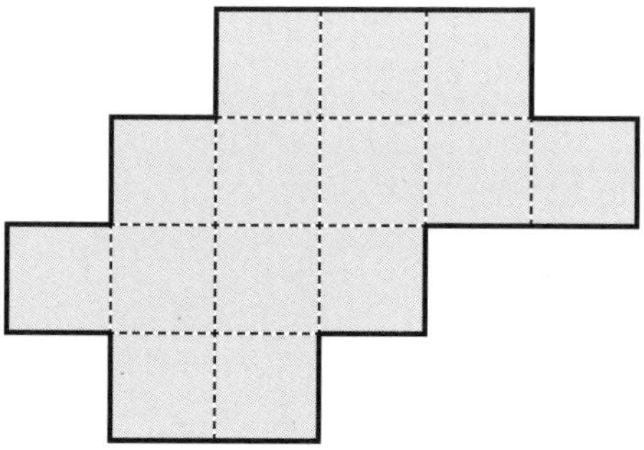

問3

次の地名の読み方を[ ]に記入してください。

❶ **尾鷲（三重県）** ⇒

❷ **放出（大阪府）** ⇒

❸ **中百舌鳥（大阪府）** ⇒

❹ **八街（千葉県）** ⇒

❺ **等々力（東京都）** ⇒

問4

❶～❺の食品の原材料を下の選択肢から選んで［　　　］に記入してください。

❶酒盗

❷あんきも

❸すじこ

❹からすみ

❺うるか

【選択肢】

カツオ

アユ

ナマコ

サケ

ボラ

アンコウ

問5

日本文学における次の作品の作者を［　　　］の中に記してください。

❶坂の上の雲 ………

❷金閣寺 ………

❸ノルウェイの森 ……

❹死者の奢《おご》り ……

❺容疑者Xの献身 ……

38日めの答えは102ページ

39日め【上級編・STEP8】

問1

次の時事関連の英単語を日本語に訳してください。

❶retail ⇒ ［　　　］　❷recession ⇒ ［　　　］

❸investment ⇒ ［　　　］　❹stock ⇒ ［　　　］

❺capitalism ⇒ ［　　　］

問2

「扌」「月」「亻」「氵」「言」と下の字を組み合わせて、
それぞれ5つの漢字を完成させてください。

可　召　合　舎
舌　井　咼　吾　少　殳　毎
友　白　尺　寸　申　朝　干
也　旨　売　甲　复　宛　成

❶ 扌					
❷ 月					
❸ 亻					
❹ 氵					
❺ 言					

問3

次の数字のかたまりは、ある法則に従って並んでいます。
? の中に入る数字は何でしょう。

43659
65943
36594
5?436

解答欄

問4

次の図形を点線に沿って2つに分割し、まったく同じ形にしてください。ひっくり返して同じ形になってもかまいません。

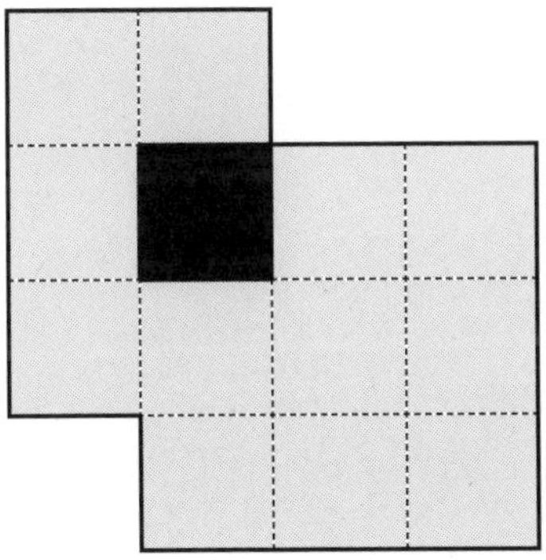

問5

□ の中に適切な語句を入れてください。

❶世界最大の島は □ である。
❷アフリカ大陸の最高峰は □ である。
❸世界で一番長い川は □ である。
❹西ヨーロッパの最高峰は □ である。
❺世界最大の湖は □ である。

39日めの答えは102ページ

問1

オリンピックに関して□の中に適切な語句を入れてください。

❶オリンピックがまだ開催されていないのは□大陸だけである。

❷日本初の金メダリストは、アムステルダムオリンピック三段跳びの□である。

❸重量挙げで東京オリンピックとメキシコオリンピックで金メダルを獲得した日本人は□である。

❹ミュンヘンオリンピックで競泳平泳ぎ100mの金メダルを獲得した日本人は□である。

❺2012年のロンドンオリンピックから除外された競技は、ソフトボールと□である。

問2

❶〜❺の□に漢字1文字を入れて、上下左右4つの二字熟語を完成させてください。

❶

木
面□次
標

❷

発
高□色
楽

❸

初
出□画
権

❹

文
古□物
道

❺

右
相□袋
話

問3

2つのサイコロを転がしたとき、2つの目の合計が7になる確率は❶～❹のうち、どれでしょう。

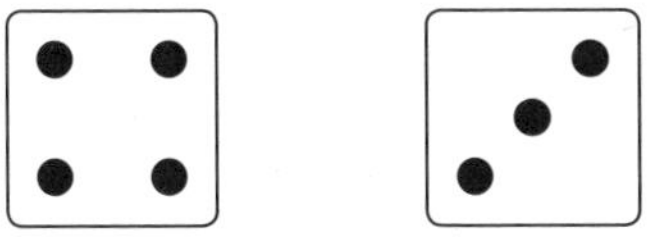

解答欄

❶ $\frac{1}{3}$　❷ $\frac{1}{4}$　❸ $\frac{1}{6}$　❹ $\frac{1}{8}$

問4

4本のつまようじを使って、正方形を作りました。
さらに4本のつまようじを加えて、4つの正三角形を作ってください。

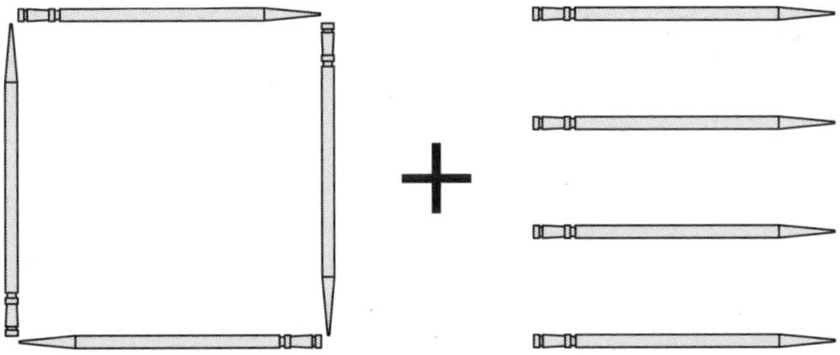

問5

次の日本語を、英語の略語に訳してください。

例：世界保健機構　⇒　WHO

❶東南アジア諸国連合　⇒

❷石油輸出国機構　⇒

❸国際通貨基金　⇒

❹北大西洋条約機構　⇒

❺民間非営利団体　⇒

40日めの答えは103ページ

STEP8（36日め～40日め）の答え

36日め

問1	問2	問3	問4	問5	問6
❶紫式部 ❷せんば ❸フグ田マスオ ❹たまごっち	❶あぐら ❷あざらし ❸あじさい ❹いか ❺いるか	❶volunteer ❷schedule ❸rehearsal ❹coupon ❺ethnic	15 見えている正方形の数が答えです。	❶アルキメデス ❷ファラデー ❸ノーベル ❹ボーア ❺鈴木梅太郎	❶11 両隣の2つの数字の差が1、2、3…と増えていきます。 ❷16 1、2、3…の数字の2乗が答えです。 ❸24 両隣の2つの数字の差が、3、6、12…と、2倍になっていきます。 ❹54 両隣の2つの数字の差が、4、12、36、108…と、3倍になっていきます。 ❺1 隣どうしの2つの数字の差が1、−1、2、−2と変化していきます。

37日め

問1	問2	問3	問4	問5	問6
6 左右の正方形の数字と、真ん中の正方形の同じ位置にある数字の合計が10になります。	8 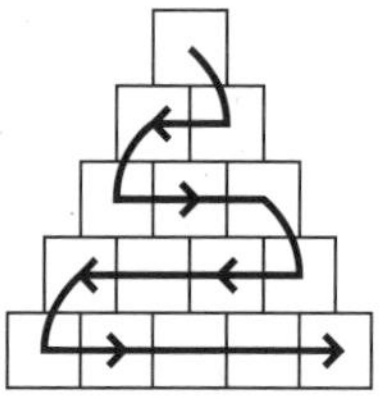 図の矢印にしたがって「24680」がくり返されていきます。	❶ニューロン ❷消化管 ❸食物連鎖 ❹アミラーゼ ❺光合成	❶岡田武史 ❷セリエA ❸フィリップ・トルシエ ❹遠藤保仁	❶unbalance ❷inexperience ❸oppose ❹unhappiness ❺extraordinary	❶卑近 ❷粉飾 ❸姑息 ❹心労 ❺懐柔

38日め

問1	問2	問3	問4	問5
❸ △は時計回りに1つずつ動き、□は反時計回りに1つ飛ばしながら動き、○は時計回りに1つ飛ばしながら動きます。	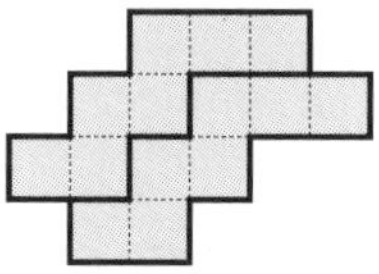	❶おわせ ❷はなてん ❸なかもず ❹やちまた ❺とどろき	❶カツオ ❷アンコウ ❸サケ ❹ボラ ❺アユ	❶司馬遼太郎 ❷三島由紀夫 ❸村上春樹 ❹大江健三郎 ❺東野圭吾

39日め

問1	問2	問3	問4	問5
❶小売り ❷景気後退 ❸投資 ❹株 ❺資本主義	❶拾 抜 捨 択 押 ❷腹 脂 腕 肝 肘 ❸何 伊 伯 侮 伸 ❹池 沼 潮 渦 沙 ❺読 話 語 設 誠	9 すべて「43659」の順番で配置されています。最後の数字の次は、最初の数字に戻ります。	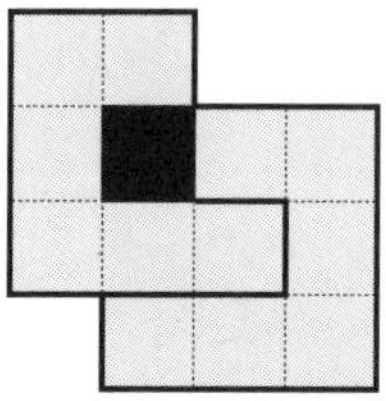	❶グリーンランド ❷キリマンジャロ ❸ナイル川 ❹モンブラン ❺カスピ海

	問1	問2	問3	問4	問5
40日め	❶アフリカ ❷織田幹雄 ❸三宅義信 ❹田口信教 ❺野球	❶目 ❷音 ❸版 ❹書 ❺手	❸1/6 2つのサイコロの出方は6×6＝36通りで、7の目になる組み合わせは〈1：6〉〈2：5〉〈3：4〉〈4：3〉〈5：2〉〈6：1〉の6通り。つまり、6/36＝1/6となるわけです。	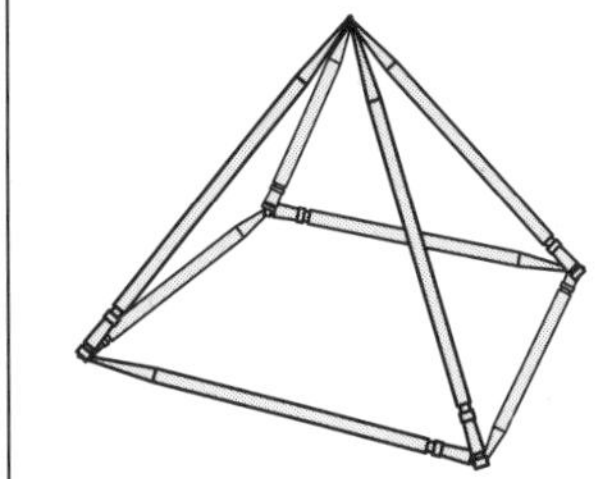	❶ASEAN ❷OPEC ❸IMF ❹NATO ❺NPO

チャレンジ! おまけでQ

Q1

立方体を平面で切断したときに「できない切り口」は、どれでしょう。

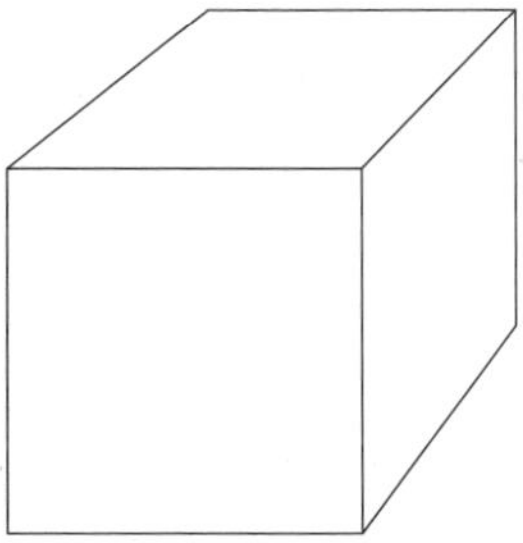

❶三角形　❷四角形
❸五角形　❹六角形
❺ ❶から❹まですべて可能

Q2

下の図のなかには、パンダ、ブタ、ペリカン、アヒル、魚の5種類のイラストが2つずつあります。上下左右のマス目を通って、5種類のイラスト同士を交わらないように直線で結んでください。

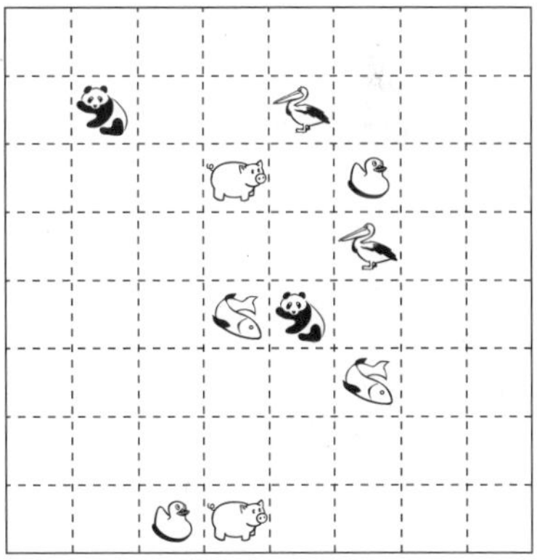

Q1の答え

❺右の図のように❶～❹すべてできます。

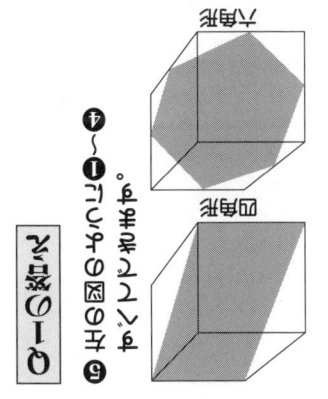

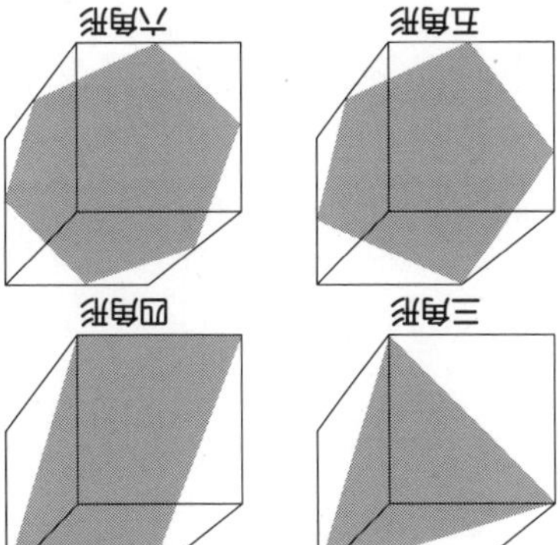

Q2の答え

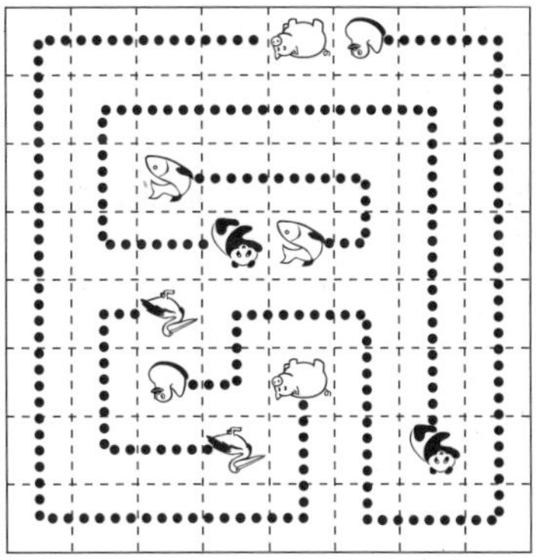

問1

「辶」「口」「車」「忄」「亻」と下の字を組み合わせて、
それぞれ5つの漢字を完成させてください。

首　亘　乎　兌　毎　复
布　昌　巽　皮　干
由　幸　九　刀　斤　亍
云　及　关　夋　十　夬　侖　卸

❶ 辶					
❷ 口					
❸ 車					
❹ 忄					
❺ 亻					

問2

ことわざを英訳した文章です。［　　　］の中に適切な英語を
入れてください。

❶覆水《ふくすい》盆に返らず　⇒　It is no use ［　　　］ over spilt milk.

❷去る者は日々に疎《うと》し　⇒　Out of sight, out of ［　　　］.

❸光陰《こういん》矢の如《ごと》し　⇒　Time ［　　　］ like an arrow.

❹学問に王道なし　⇒　There is no ［　　　］ road to learning.

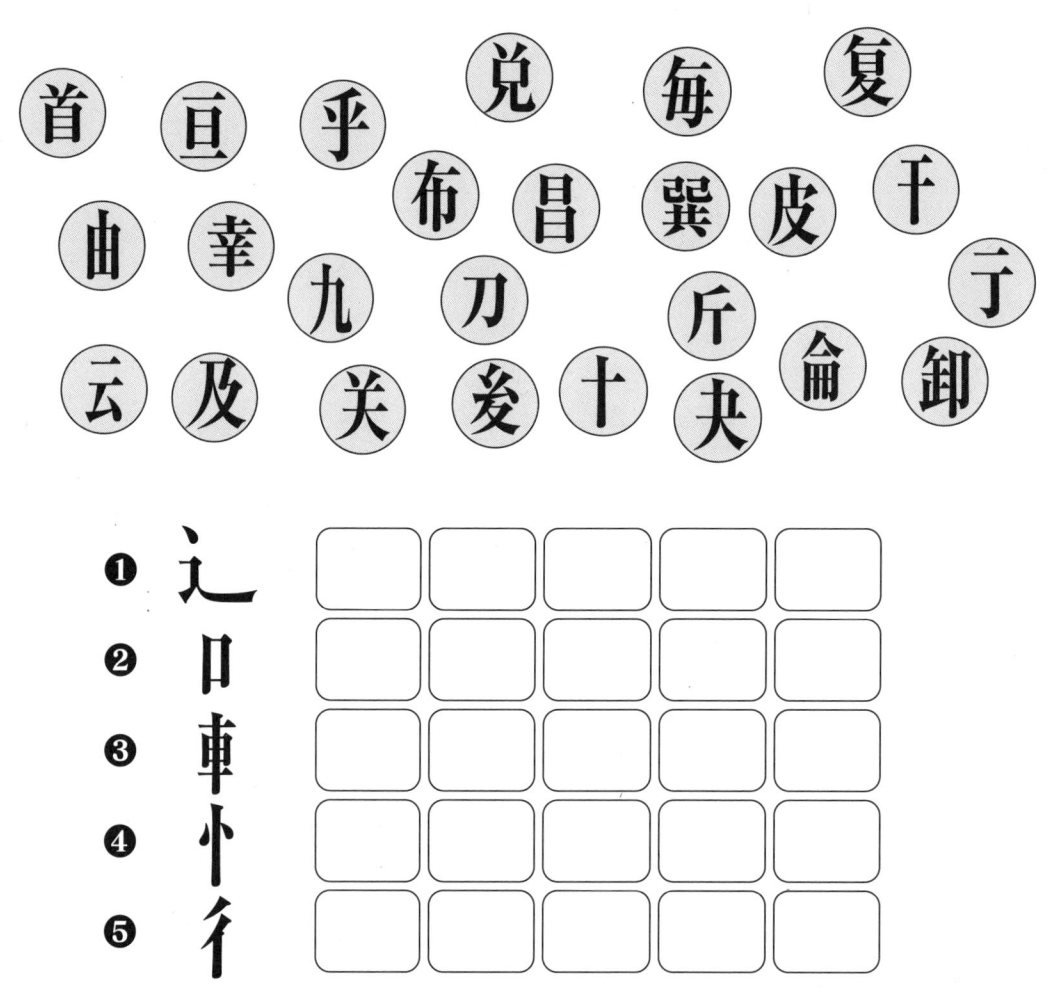

問3

面積が6平方センチメートルの正六角形があります。この正六角形にある6つの頂点のうち、3つを結んでできる三角形のなかで、もっとも大きい三角形の面積を求めてください。

解答欄

cm^2

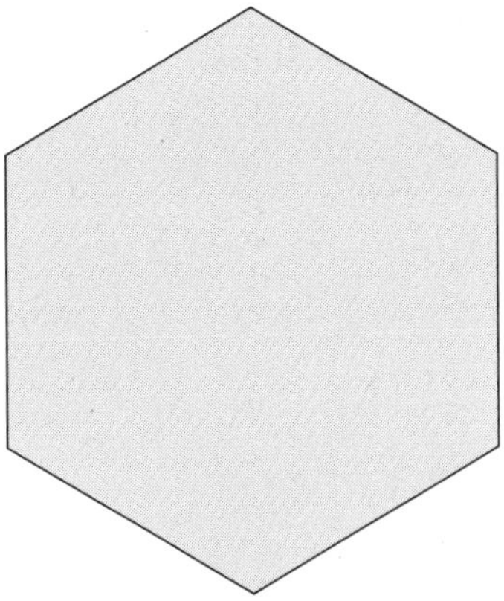

問4

6本のつまようじがあります。左側の3本のつまようじに、右側の3本のつまようじをうまく重ねて、すべてのつまようじが「ほかの5本のつまようじと接する」ように積み重ねてください。

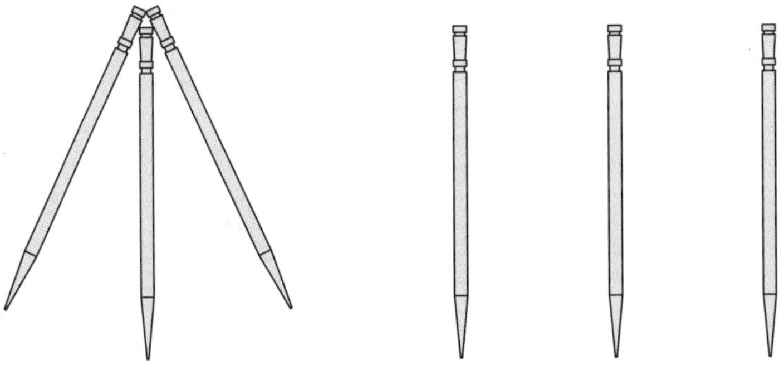

問5

次の地名がある都道府県名を［　　　］に記入してください。

❶関ケ原　⇒

❷宍道湖《しんじこ》　⇒

❸黒部ダム　⇒

❹角館　⇒

❺観音寺　⇒

41日めの答えは114ページ

問1

5本のつまようじでできたチリトリの中にある1円玉を、触らずにチリトリから取り出すには、一番少なくて何本のつまようじを動かせばいいでしょうか。
ただし、取り出したあとも、チリトリはそのままの形で残しておいてください。

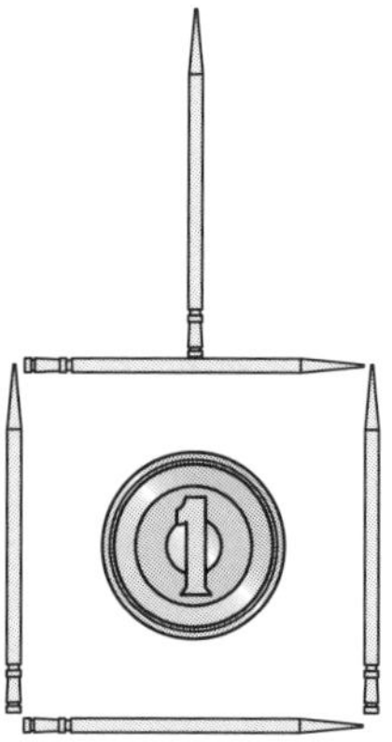

問2

下の5つの図形のうち、4つを組み合わせると正方形になります。
不要なのは❶～❺のうち、どれでしょう。

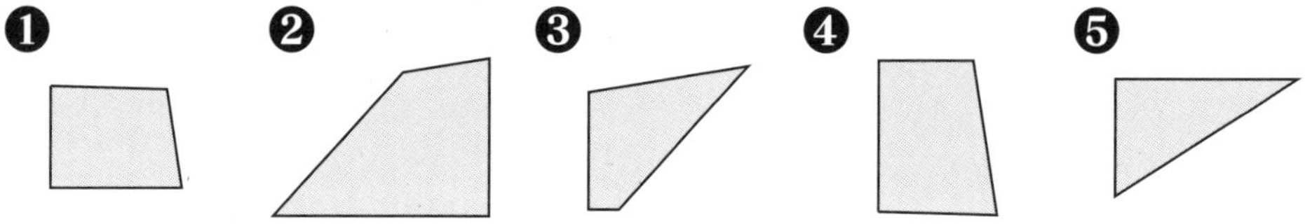

解答欄

問3

□に漢字を1文字入れて､左の文の意味に合う言葉を完成させてください。

❶何もせずのんびりとしていること……………………… **安□**

❷少数の供給者が市場を支配すること …………………… **寡□**

❸表現が遠回しな様子………………………………………… **婉□**

❹あせってイライラすること………………………………… **焦□**

❺処置や行動などが早いこと ……………………………… **□速**

問4

鍋料理の食材となる動物を下のイラストから選んで、
❶〜❺の［　　　］に記入してください。

❶鉄砲汁 ［　　　］　❷石狩鍋 ［　　　］
❸深川鍋 ［　　　］　❹キリタンポ鍋 ［　　　］
❺まる鍋 ［　　　］

牛

サケ

比内鶏

カキ

カニ

アサリ

スッポン

問5

❶〜❸それぞれに、古い出来事の順に1〜3の数字を（　）に入れてください。

❶（　　）西南戦争勃発
（　　）板垣退助が自由党結成
（　　）五箇条の御誓文発表

❷（　　）ポーツマス条約締結
（　　）八幡製鉄所が操業開始
（　　）伊藤博文が初代首相に

❸（　　）日本国憲法公布
（　　）朝鮮戦争勃発
（　　）日ソ共同宣言

42日めの答えは114ページ

43日め【上級編・STEP9】

問1

対角線が10センチメートルの
正方形の面積を求めてください。

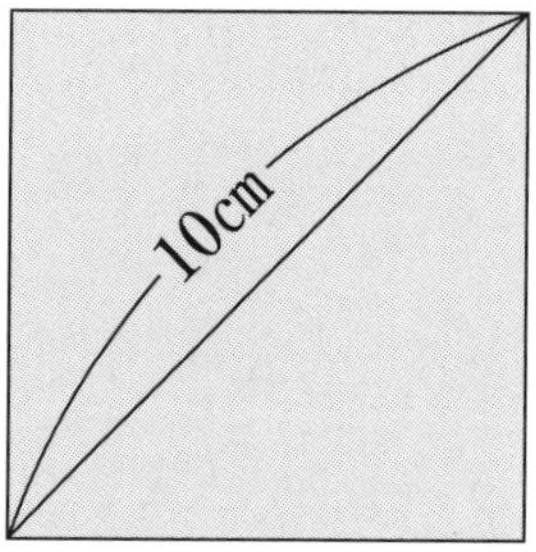

解答欄

cm^2

問2

下記に示した都県で行なわれているお祭りを❶～❼から選び、
番号とお祭りの名前を記入してください。

青森県

高さ5mもの巨大な人形型の
灯籠が曳き回されるお祭り

岩手県

毎年6月第2土曜に行われる
勤労を感謝するお祭り

宮城県

伝統を伝える和紙と竹を使った
豪華絢爛な笹飾りが見事

山梨県

毎年8月26～27日、
富士山をバックにして
行われる三大奇祭の
ひとつ

東京都

御神体が3体、神輿も3基出る
浅草神社の江戸っ子祭り

❶チャグチャグ馬コ　❷ねぶ（ぷ）た祭　❸三社祭
❹御柱祭　❺鷺舞　❻吉田の火祭　❼七夕祭

問3

❶〜❺それぞれの文字を組み合わせて、二字熟語を作ってください。

❶　力　又　女　力

❷　牛　口　ノ　木　角　刀

❸　木　女　口　ハ　ノ　目

❹　門　土　日　寸　日

❺　女　日　士　糸　口　氏

問4

雅夫君一家は週末にクルマで60km離れたおじいさんの家に遊びに行きました。行きは渋滞に巻き込まれ、平均時速20kmで走りました。帰りは、平均時速60kmで同じ道を帰りました。さて、往復の平均時速は何kmだったでしょう？

解答欄

km

問5

下のように9枚の10円玉を並べると、3枚ずつの列が8つできます。
では、この9枚を並べ替えて、3枚ずつの列が10個できるようにしてください。

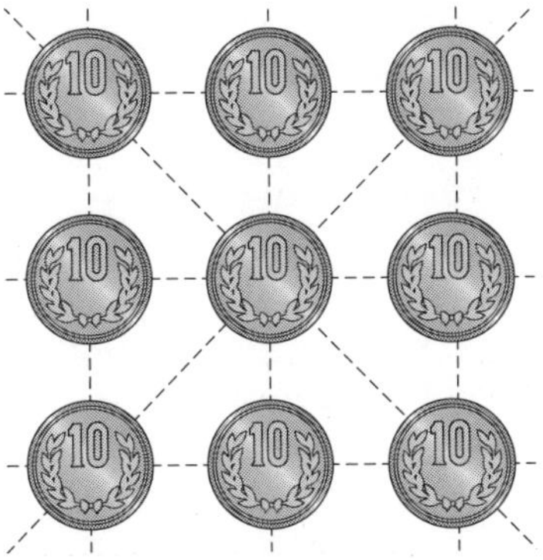

43日めの答えは114ページ

問1

どれも有名な俳句です。［　　　］に適切な言葉を入れて完成させてください。

❶朝顔に　つるべ取られて　［　　　　　］

❷［　　　　　］　負けるな一茶　これにあり

❸いくたびも　［　　　　　］を　尋《たず》ねけり

❹［　　　　　］を　集めてはやし　最上川《もがみがわ》

❺梅一輪　一輪ほどの　［　　　　　］

問2

下のイラストは、牛肉の部位を示したものです。呼び名を下の選択肢から選び、それぞれの（　　　）に入れてください。

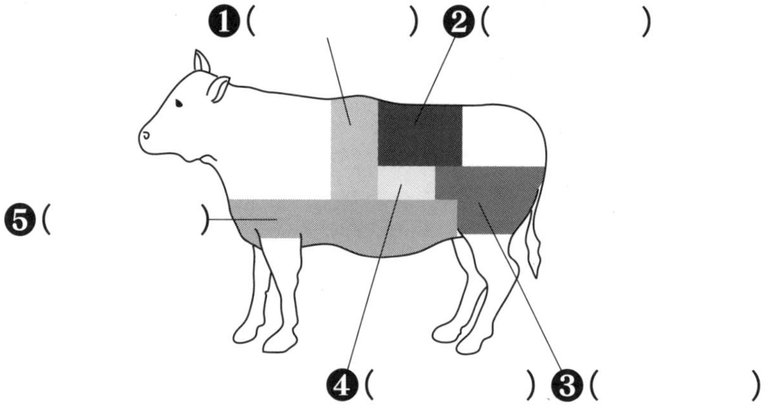

【選択肢】

サーロイン　ヒレ　リブロース　肩ロース

バラ　モモ　スネ

問3

右の図形を点線に沿って2つに分割し、まったく同じ形にしてください。
ひっくり返して同じ形になってもかまいません。

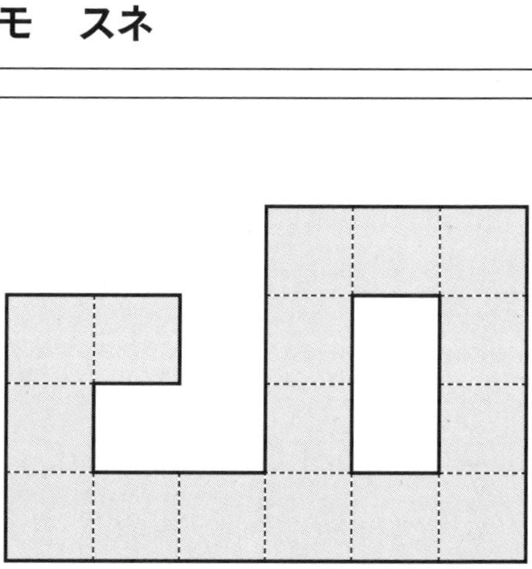

問4

図には、ある法則があります。?の中に入る数字を❶〜❹から選んでください。

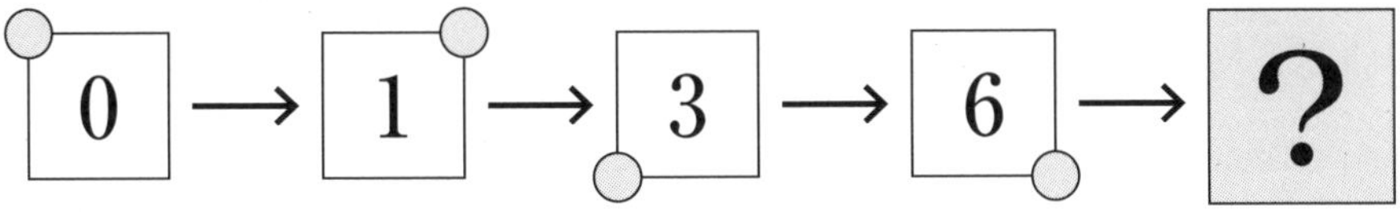

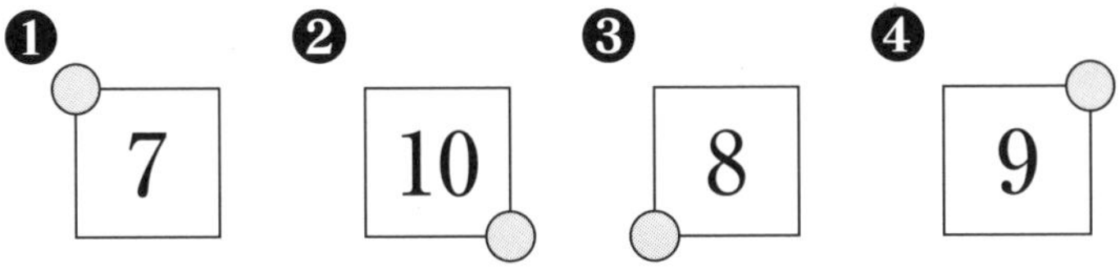

解答欄

問5

次の府県で行なわれているお祭りを下の❶〜❼から選び、番号とお祭りの名前を記入してください。

京都府

豪華な山鉾《やまほこ》が進む
八坂神社の祭りです

兵庫県

毎年12月14日に行われる、
明治36年から続く一大イベント

大阪府

山車(だし)が狭い通りを
走り抜け、迫力満点です

愛媛県

毎年10月16日から行なわれる
四国三大祭のひとつです

熊本県

八代神社の秋の大祭。獅子舞、
笠鉾などの出し物が華麗です

❶新居浜太鼓祭　❷岸和田だんじり祭　❸ねぶた祭
❹八代妙見祭　❺祇園祭　❻高山祭　❼赤穂義士祭

44日めの答えは114ページ

問1

＿＿＿＿の中に適切な英単語を入れて、左の日本語の意味に合う英語の成句を作ってください。

❶～できる　⇒　be ＿＿＿＿ to

❷できるだけ早く　⇒　as ＿＿＿＿ as possible

❸注意を払う　⇒　pay ＿＿＿＿ to

❹工事中　⇒　＿＿＿＿ construction

❺実を言うと　⇒　to tell the ＿＿＿＿

問2

次の事柄に関わる人物名を下の選択肢から選んで＿＿＿＿の中に記入してください。

❶・オスマン帝国を破る
・「太陽の沈まない国」と呼ばれた国の国王　＿＿＿＿

❷・幼い頃に母と死に別れる
・ヘンリー8世の娘
・イギリス絶対王政の最盛期　＿＿＿＿

❸・フランス絶対王政の全盛期
・ナントの勅令廃止　＿＿＿＿

❹・七年戦争で勝利
・オーストリア継承戦に参加　＿＿＿＿

❺・夫は神聖ローマ皇帝
・マリー・アントワネットの母　＿＿＿＿

【選択肢】

ルイ14世　　マリア・テレジア　　フェリペ2世　　フリードリヒ2世
エリザベス1世　　エカチェリーナ2世

問3

右のように、1辺が1センチメートルの立方体を積み重ねました。

❶積み重ねた立体の体積を求めてください。

❷この立体の表面積を求めてください。ただし、見えない部分は含まれません。

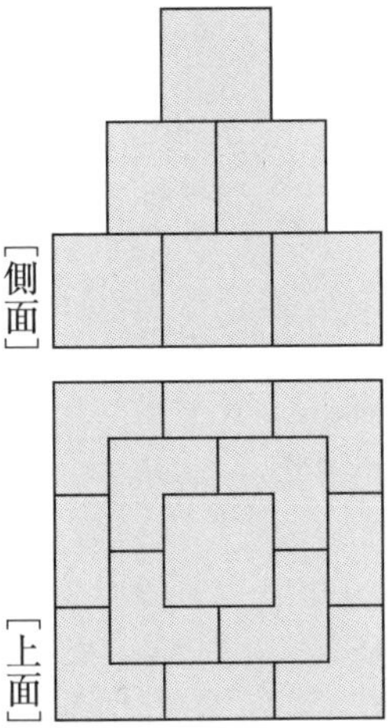

解答欄

解答欄

問4

下の5つの図形のうち、4つを組み合わせると正方形になります。
不要なのは❶～❺のうち、どれでしょう。

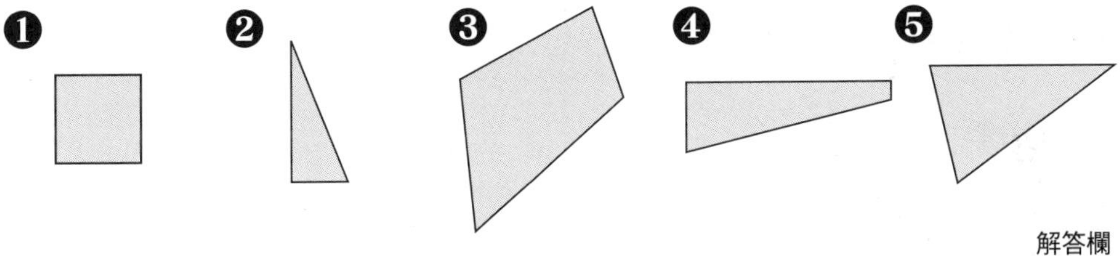

解答欄

問5

下の四字熟語には間違いがあります。正しく直してください。

❶五里夢中 ⇒

❷互越同舟 ⇒

❸清蓮潔白 ⇒

❹支離滅烈 ⇒

❺悠悠自滴 ⇒

45日めの答えは115ページ

STEP9（41日め〜45日め）の答え

41日め

問1

❶道 達 辺 選 近
❷吸 咲 呼 唱 叶
❸輪 軒 軸 転 軌
❹快 悔 悦 恒 怖
❺行 御 復 後 彼

問2

❶crying
❷mind
❸flies
❹royal

問3

$3cm^2$

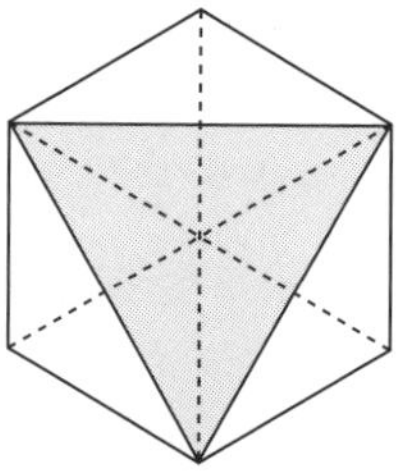

この三角形の面積は正六角形の半分です。

問4

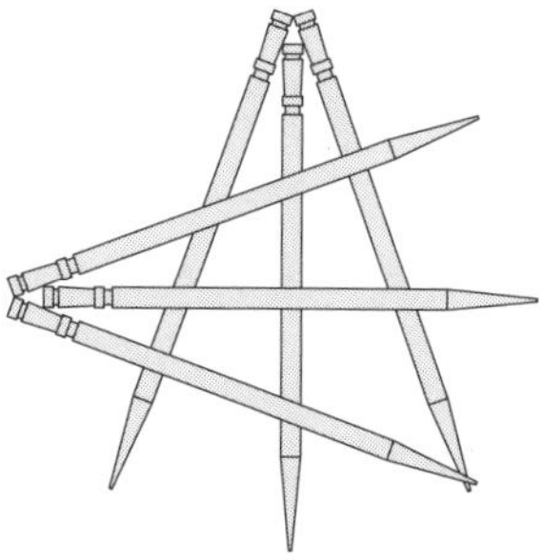

問5

❶岐阜県
❷島根県
❸富山県
❹秋田県
❺香川県

42日め

問1

3本

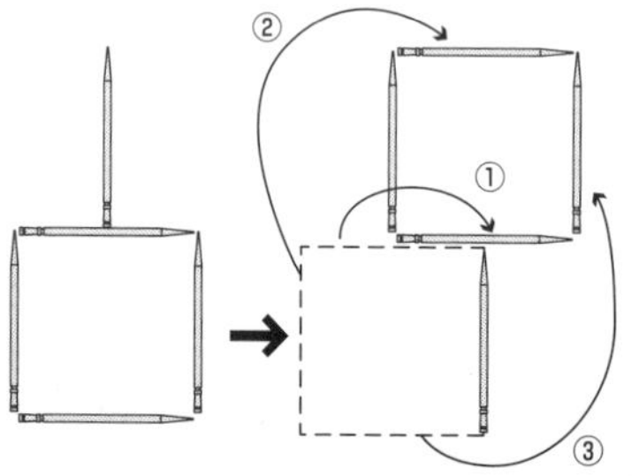

問2

❺

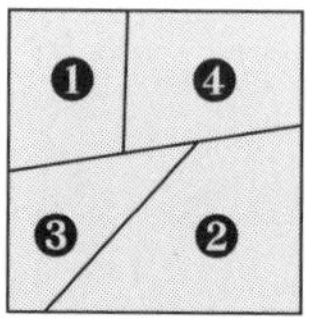

問3

❶安閑
❷寡占
❸婉曲
❹焦燥
❺迅速

問4

❶カニ
❷サケ
❸アサリ
❹比内鶏
❺スッポン

問5

❶	❷	❸
2	3	1
3	2	2
1	1	3

43日め

問1

$50cm^2$

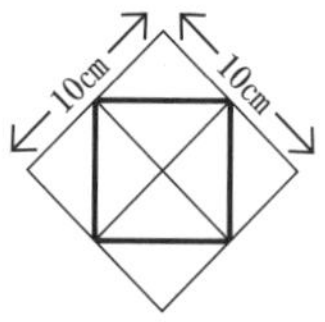

対角線が10センチの正方形の面積は、1辺10センチの正方形の面積の半分であることがわかります。

問2

青森県→❷ねぶた祭（ねぷた祭）
岩手県→❶チャグチャグ馬コ
宮城県→❼七夕祭
東京都→❸三社祭
山梨県→❻吉田の火祭

問3

❶努力
❷和解
❸委員
❹時間
❺結婚

問4

時速30km

行きに3時間、帰りに1時間かかったわけですから、(60×2)km÷4時間＝時速30kmとなります。

問5

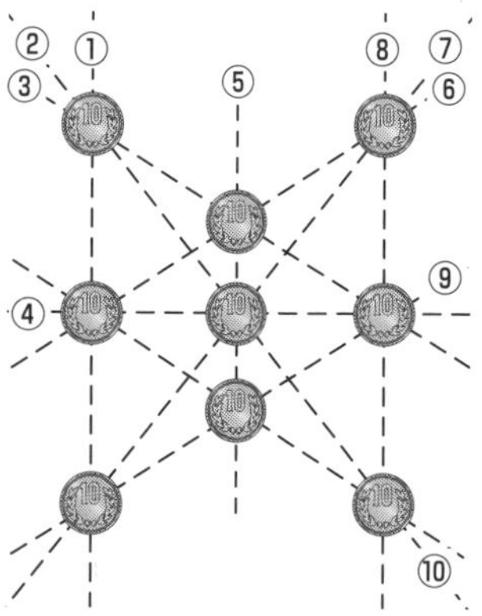

44日め

問1

❶もらい水
❷やせ蛙《がえる》
❸雪の深さ
❹五月雨《さみだれ》
❺暖かさ

問2

❶リブロース
❷サーロイン
❸モモ
❹ヒレ
❺バラ

問3

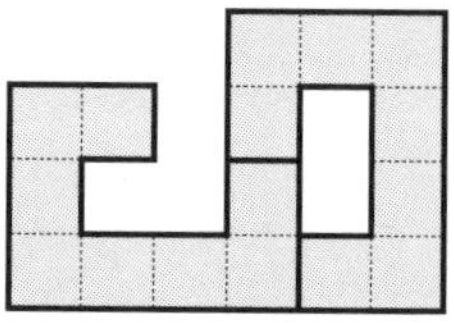

問4

❷

正方形の内側の数字は順番に1、2、3ずつ増えていき、◯の位置は時計回りに数字ぶん進みます。

問5

大阪府→❷岸和田だんじり祭
京都府→❺祇園祭
兵庫県→❼赤穂義士祭
愛媛県→❶新居浜太鼓祭り
熊本県→❹八代妙見祭

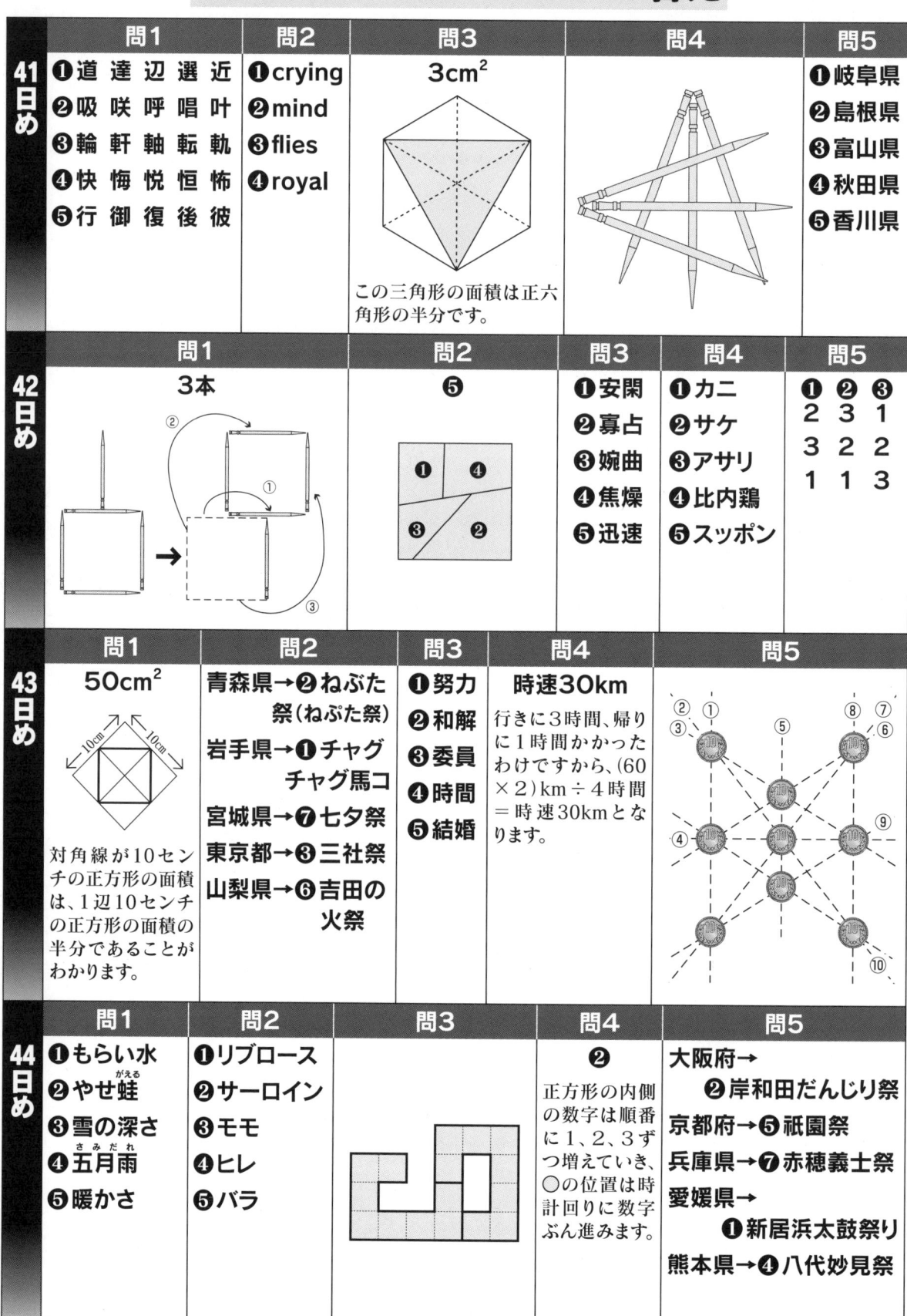

45日め	問1	問2	問3	問4	問5
	❶abel ❷soon ❸attention ❹under ❺truth	❶フェリペ2世 ❷エリザベス1世 ❸ルイ14世 ❹フリードリヒ2世 ❺マリア・テレジア	❶14cm^3 この立体は14個の立方体でできています。 ❷33cm^2 4つの側面の表面積は4×6(cm^2)。上面の表面積は9cm^2です。	❶ 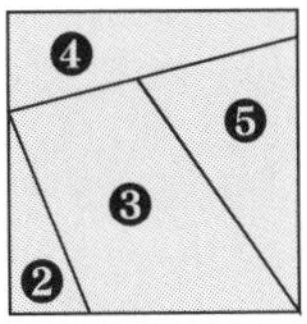	❶五里霧中 ❷呉越同舟 ❸清廉潔白 ❹支離滅裂 ❺悠悠自適

チャレンジ! おまけでQ

Q1

正方形の紙を下のように折り、黒い部分にハサミで切れ目を入れて広げると、❶〜❺のどれになるでしょう。

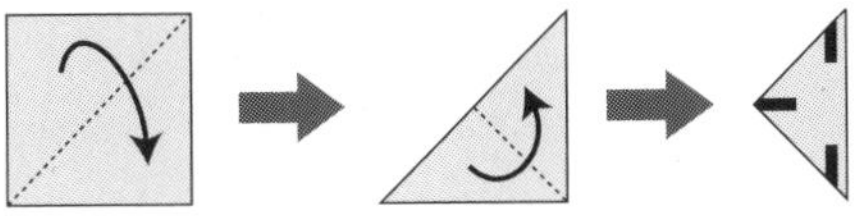

❶

❷

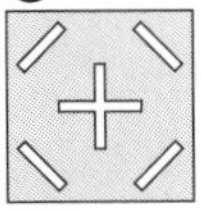

❸

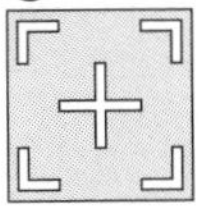

❹

❺

Q2

1本のラインが描かれた長方形のカードがあります。点線に沿ってハサミで3つに切断し、真ん中のカード(A)だけ、上下を逆さにして置くと、つながるラインは何本になるでしょう。

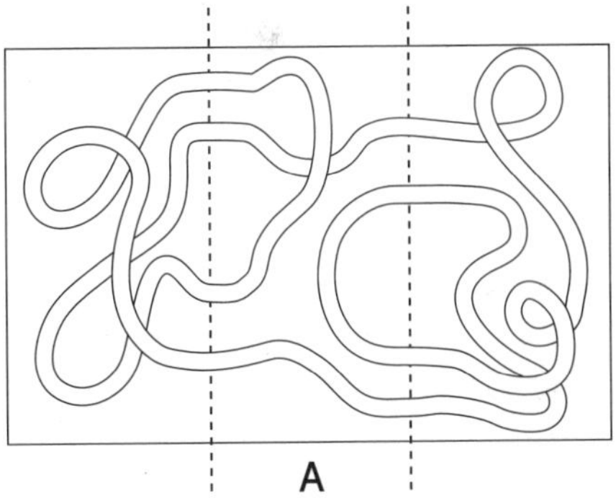

A

❶1本 ❷2本 ❸3本 ❹4本 ❺5本

Q1の答え ❸

Q2の答え ❸

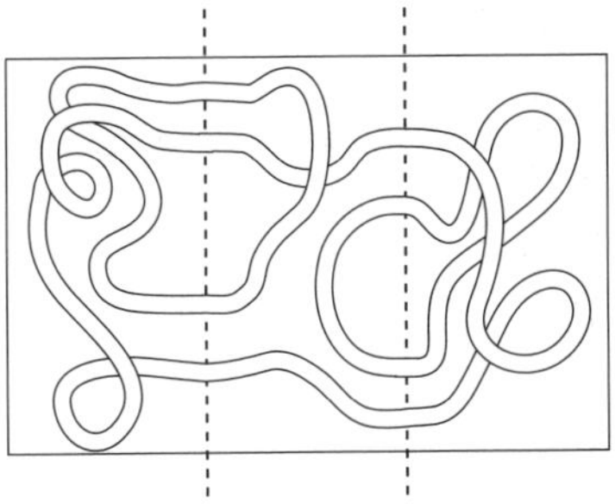

問1

右の図形の中には、以下の「十字形」が隠れています。その部分を塗りつぶしてください。

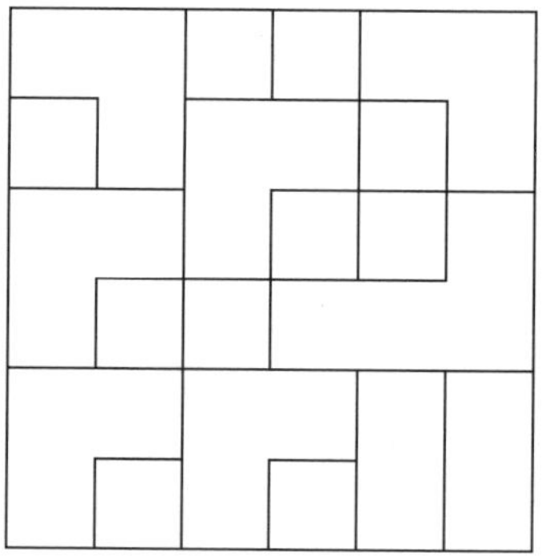

問2

点Oを中心とする半径10センチメートルの円があります。
下の図のアミがけ部分の面積を求めてください。円周率は「3」とします。

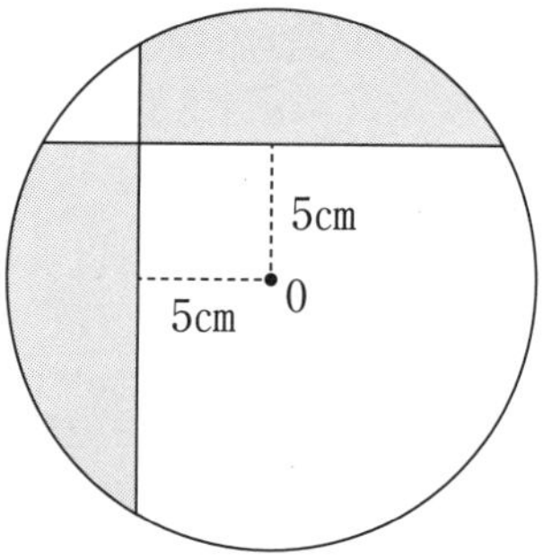

解答欄

　　　cm^2

問3

ここ数年の、朝のNHK連続テレビ小説に関わる人名を　　　の中にフルネームで記入してください。

❶『マッサン』の主演男優は　　　である。

❷『花子とアン』の主演女優は　　　である。

❸『ごちそうさん』の主演女優は　　　である。

❹『あまちゃん』の主演女優は　　　である。

❺『梅ちゃん先生』の主演女優は　　　である。

問4

次の県にある活火山を下の❶～❼から選び、番号と山の名前を記入してください。

秋田県・山形県
秋田富士・出羽富士とも呼ばれ、万年雪があります

岩手県
南部富士とも呼ばれ、焼走溶岩流は特別天然記念物

福島県
猪苗代湖の北にそびえる活火山

神奈川県・静岡県
神奈川県と静岡県にまたがる火山帯の総称です

長野県・群馬県
1783年に噴火した際にできた鬼押出溶岩が見られます

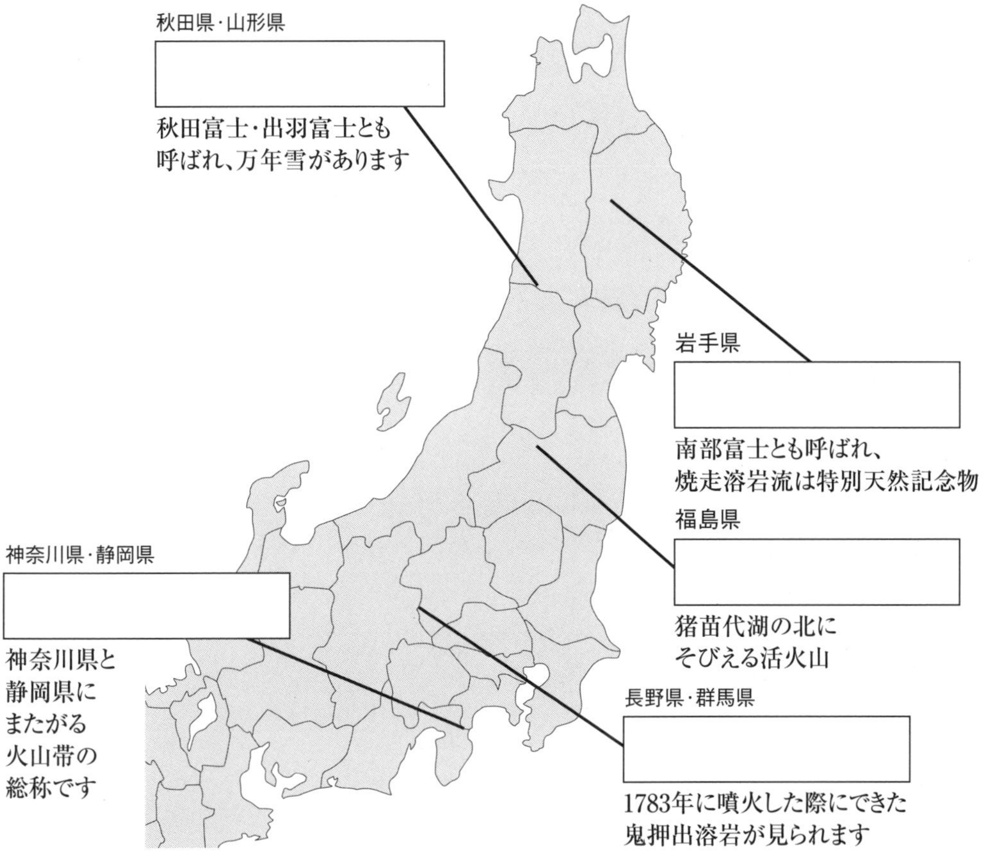

❶磐梯山　❷箱根山　❸岩手山　❹蔵王山
❺浅間山　❻大雪山　❼鳥海山

問5

ことわざを英訳した文章です。□に適切な英語を入れてください。

❶早起きは三文の得　⇒　The early □ catches the worm.

❷取らぬ狸の皮算用　⇒　Don't count your □ before they are hatched.

❸急がば回れ　⇒　More haste, less □ .

問1

［　　　］の中に適切な語句を入れてください。

❶足利義満が始めた日明貿易を［　　　］貿易という。

❷足利義政のもとに嫁《とつ》いだ日野富子のライバルとなった、義政の側室の名は［　　　］である。

❸応仁の乱の結果生まれた「下位の者が上位の者を倒す」という風潮を［　　　］という。

❹明徳の乱で足利義満に滅ぼされた〝六分の一殿〟と呼ばれた守護大名は［　　　］である。

❺池坊専慶が大成したものは［　　　］である。

問2

下のイラストは、牛の内臓の部位を示したものです。これらの呼び名を下の選択肢から選び、それぞれの（　　　）に入れてください。

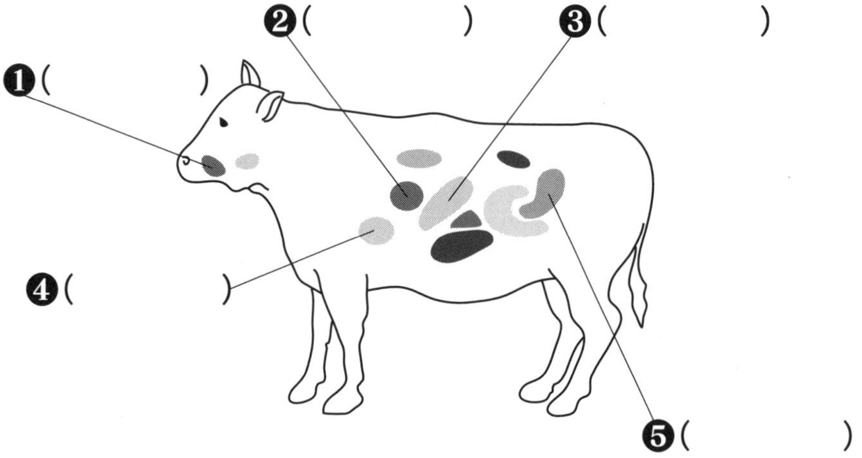

【選択肢】

ハツ　ミノ　センマイ　サガリ

ヒモ　シマチョウ　ハラミ　タン

問3

次の図には、ある法則があります。?の中に入る図形は
下の❶〜❹のうち、どれでしょう。

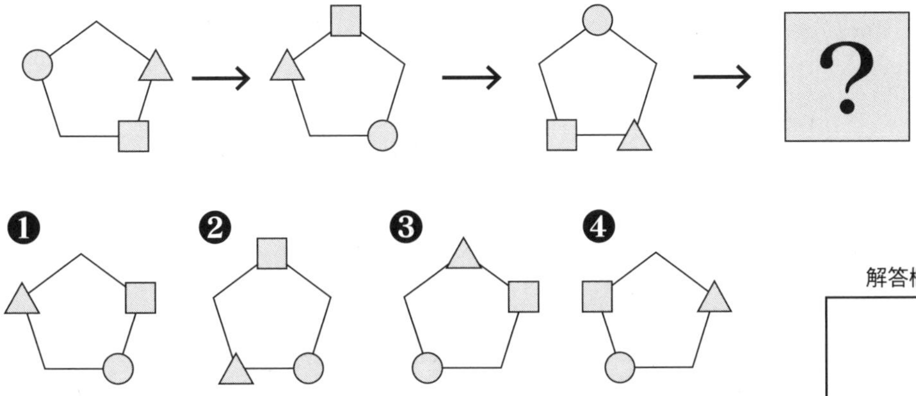

解答欄

問4

［　　　］の中に適切な語句を入れてください。

❶2014年の流行語大賞は「集団的自衛権」と［　　　］である。

❷2014年の流行語大賞に輝いた女性お笑いコンビは［　　　］である。

❸2014年の流行語大賞トップ10にノミネートされた［　　　］の一人はスキージャンプの葛西紀明である。

❹2014年の流行語大賞トップ10にノミネートされた漫画『球場ラバーズ』から生まれた言葉は［　　　］女子である。

❺2014年の流行語大賞トップ10にノミネートされた「職場における妊婦に対して行なわれる嫌がらせ」を表現する言葉は［　　　］である。

❻2014年の流行語大賞トップ10に選ばれた上戸彩主演のドラマのタイトルは『［　　　］』である。

47日めの答えは126ページ

問1

6枚の10円玉で正三角形を作りました（図1）。これを図2のような正六角形にするには、10円玉を何回、動かせばいいでしょう。
いちばん少ない回数を答えてください。
ただし、10円玉を動かすときは、ほかの10円玉から離れないように。

図1

→

図2

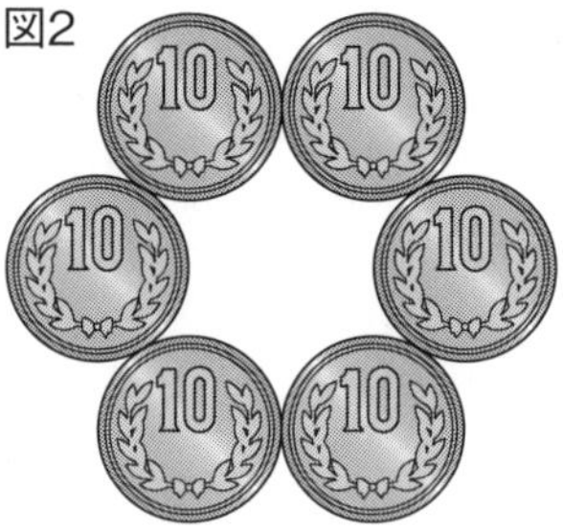

解答欄

❶3回　❷4回　❸5回　❹6回　❺7回

問2

❶～❺の□に漢字1文字を入れて、上下左右4つの二字熟語を完成させてください。

❶
都
会□同
計

❷
間
草□物
後

❸
失
無□節
金

❹
国
社□差
番

❺
間
遠□離
月

問3

次に示した県にある活火山を下の❶〜❼から選び、番号と山の名前を記入してください。

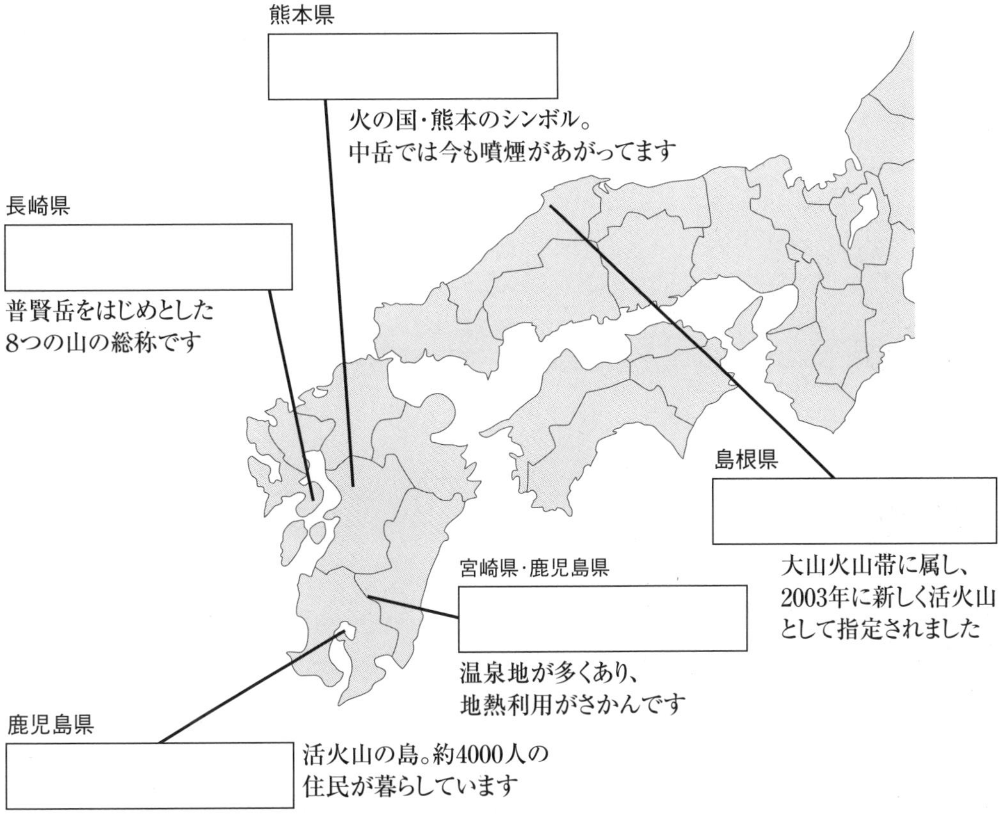

熊本県
火の国・熊本のシンボル。
中岳では今も噴煙があがってます
長崎県
普賢岳をはじめとした
8つの山の総称です
島根県
大山火山帯に属し、
2003年に新しく活火山
として指定されました
宮崎県・鹿児島県
温泉地が多くあり、
地熱利用がさかんです
鹿児島県
活火山の島。約4000人の
住民が暮らしています

❶桜島	❷霧島山	❸雲仙岳	❹阿蘇山
❺白山	❻三瓶山《さんべさん》	❼浅間山	

問4

□の中に適切な語句を入れてください。

❶2014年の流行語大賞トップ10に選ばれた「小学生に大人気のゲームソフト」は□である。

❷2014年の流行語大賞トップ10に選ばれた「電子署名された取引で使われる貨幣」を□という。

❸2014年の流行語大賞トップ10に選ばれた「ユーグレナ目に属する鞭《べん》毛虫《もうちゅう》」を□という。

48日めの答えは126ページ

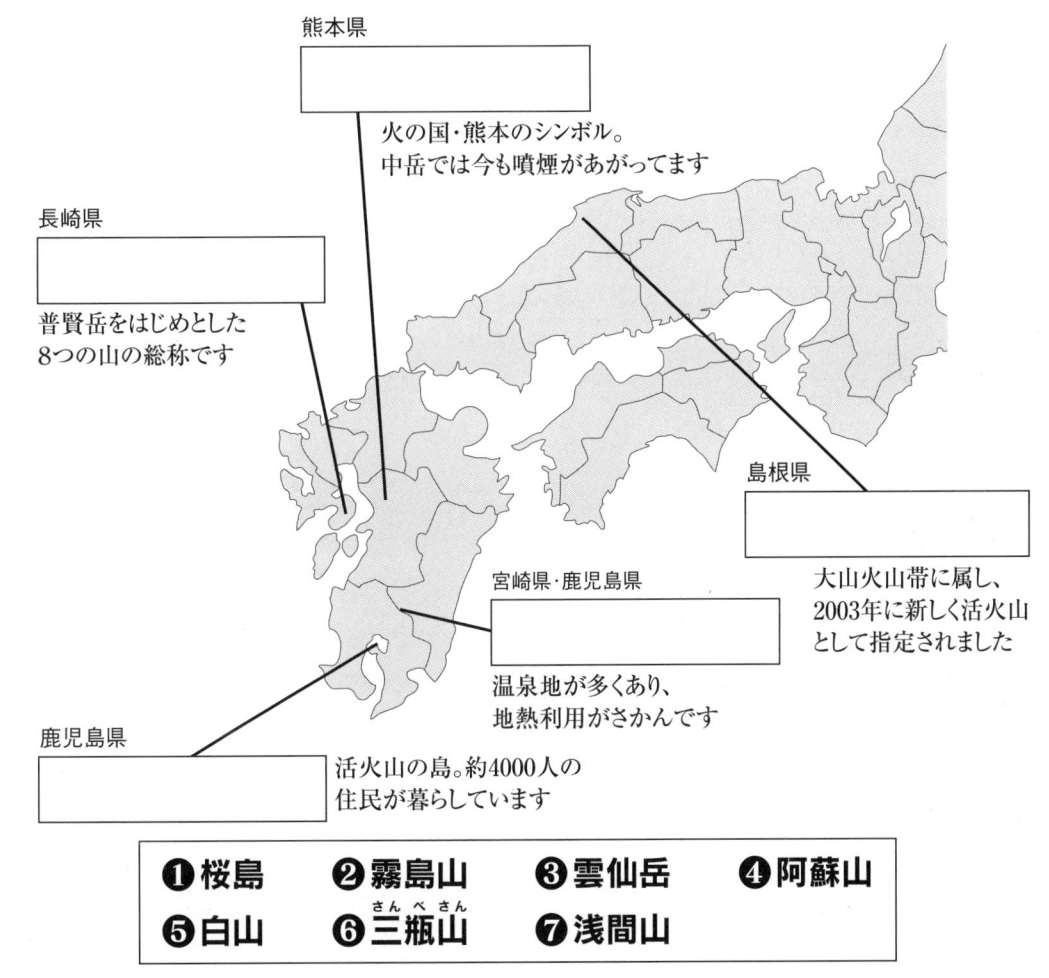

問1

自宅から最寄り駅までの道のりを、兄のケン君は自転車で、弟のミノル君は徒歩で通っています。その所要時間は、ケン君は15分、ミノル君は30分です。

ある日、ケン君はミノル君の15分後に自宅を出発しました。ケン君は何分後にミノル君に追いついたでしょう。

解答欄

□分後

問2

イカの名前を下の選択肢から選び、❶〜❺の□に記入してください。

❶ □

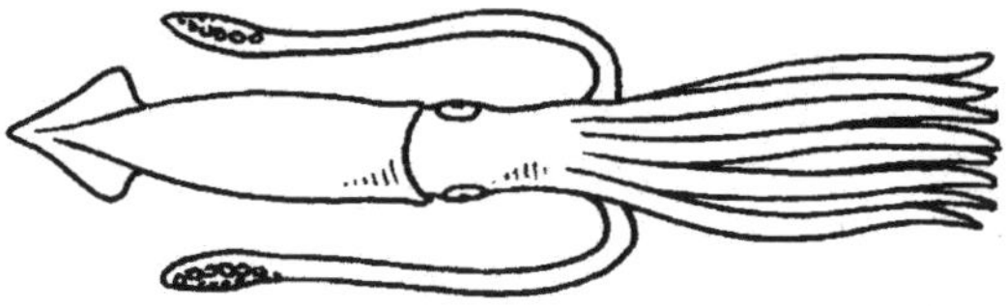

❷ □

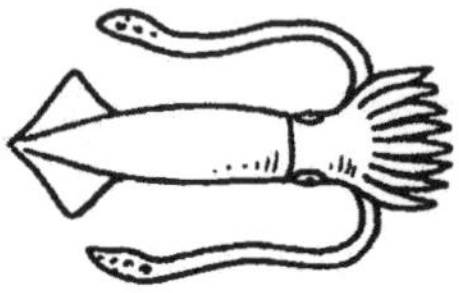

❸ □

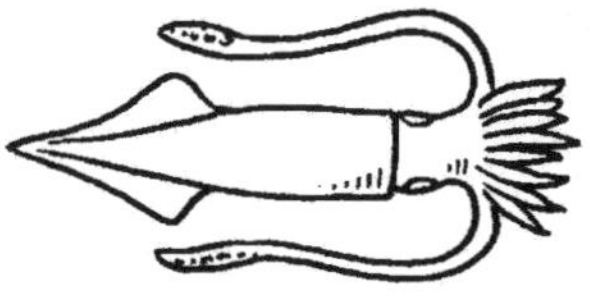

❹ □

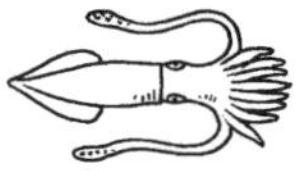

❺ □

【選択肢】

ダイオウイカ　スルメイカ　ヤリイカ

ホタルイカ　アオリイカ　モンゴウイカ

問3

次に示した県をゆかりの地とする漫画家の作品を下の❶～❺から選び、番号と作品名を記入してください。

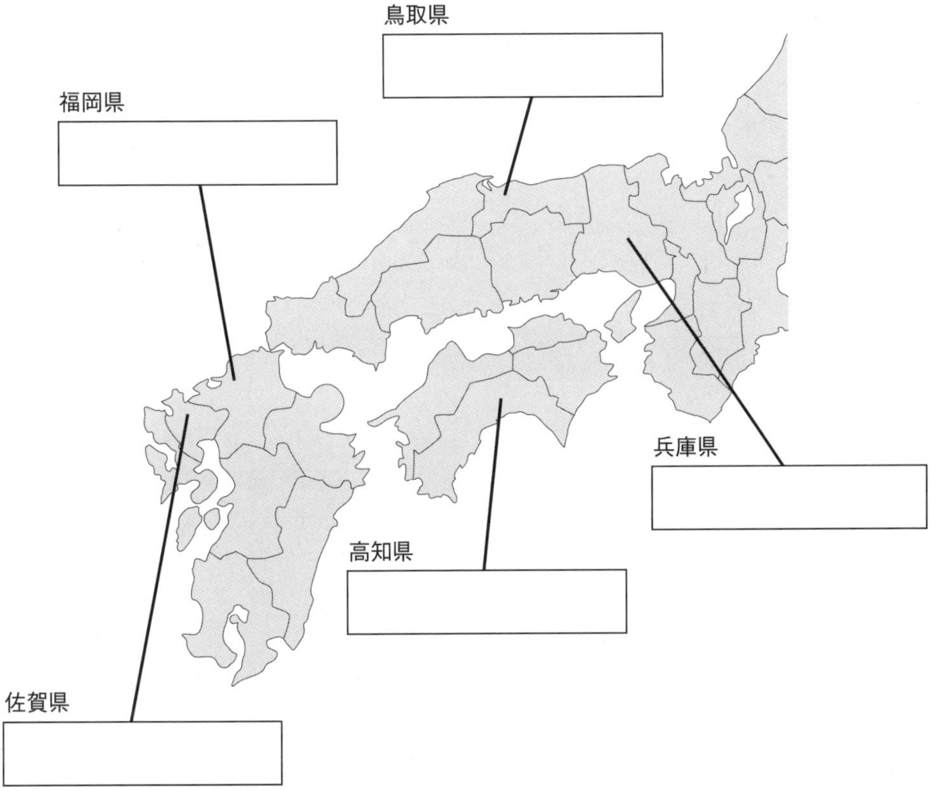

❶鉄腕アトム（手塚治虫）
❷アンパンマン（やなせたかし）
❸ゲゲゲの鬼太郎（水木しげる）
❹サザエさん（長谷川町子）
❺銀河鉄道999（松本零士）

問4

□の中に適切な語句を入れてください。

❶REITとは□に投資して収益を還元する投資信託のことである。

❷有価証券を売買して得た利益を□という。

❸新発10年国債の流通利回りを□と呼ぶ。

❹銀行が破《は》綻《たん》したとき、預金の一定額を保護する制度のことを□と呼ぶ。

49日めの答えは126ページ

問1

右の図には、ある法則があります。
?の中に入る数字を答えてください。

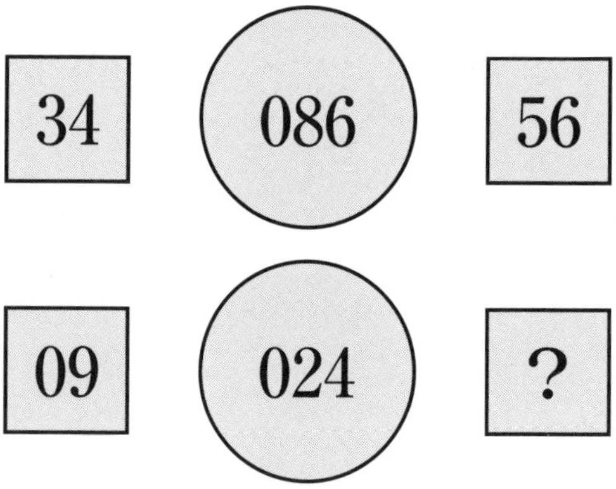

解答欄

問2

右の図の、アミがけ部分の
面積を求めてください。
円周率は「3」とします。

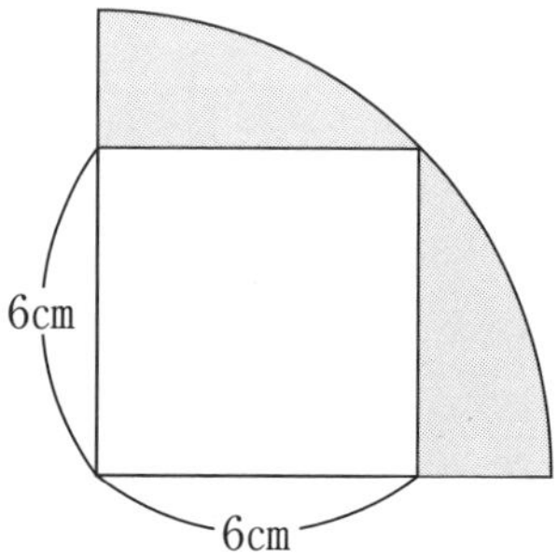

解答欄

cm²

問3

❶～❺にあてはまるものを下の選択肢から選び、（　　　）に記入してください。ただし、選択肢には答えではないものが1つ含まれています。

❶an object that you hold over your head when it is raining.
⇒（　　　　　）

❷an area of sand or small stones beside the ocean or a lake.
⇒（　　　　　）

❸an act of opening your mouth wide and taking a big breath, usually because you are tired or bored. ⇒（　　　　　）

❹one of the four periods into which the year is divided according to the weather. ⇒（　　　　　）

❺a stick of wax with a string in it called a wick that you burn to give light.
⇒（　　　　　）

【選択肢】

season（季節）　beach（浜辺）　umbrella（傘）
station（駅）　candle（ロウソク）　yawn（あくび）

問4

次に示した県をゆかりの地とする漫画家の作品を下の❶～❼から選び、番号と作品名を記入してください。

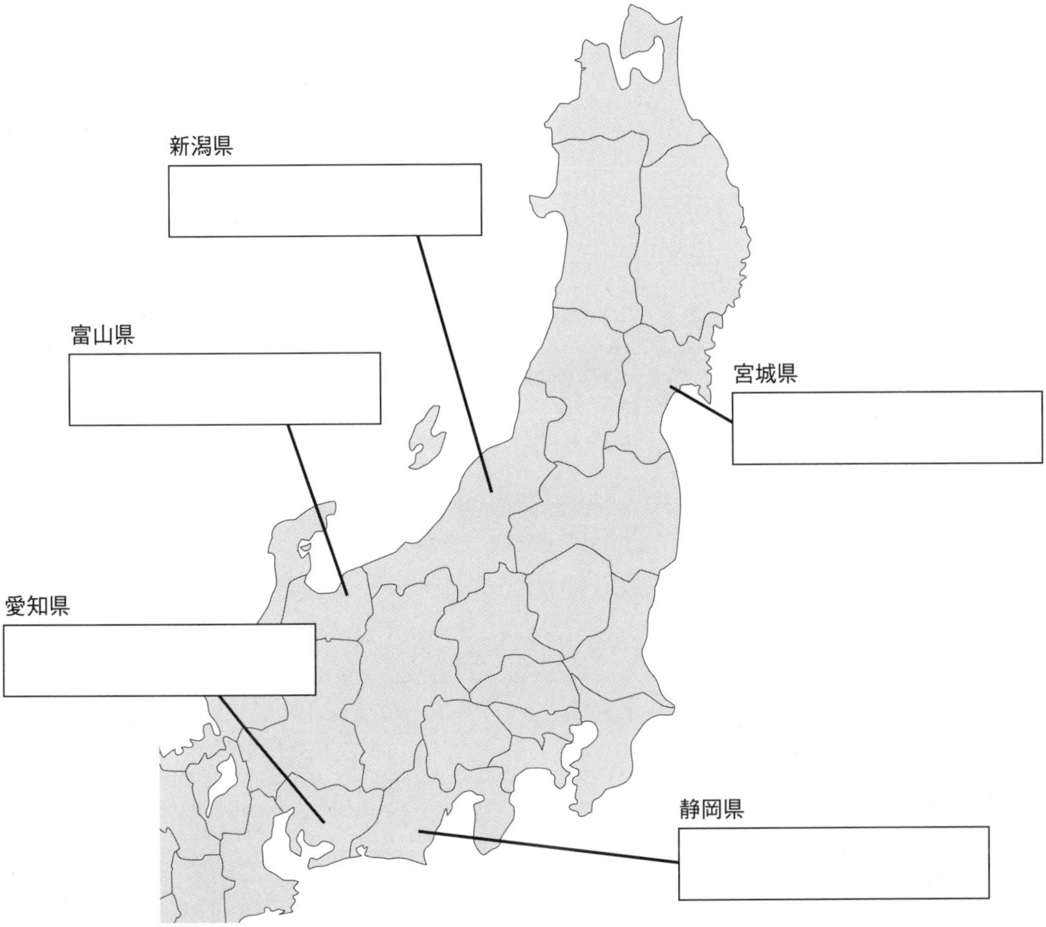

❶ちびまるこちゃん（さくらももこ）　❷ルパン三世（モンキー・パンチ）
❸ドラえもん（藤子・F・不二雄）　❹ドカベン（水島新司）　❺ドラゴンボール（鳥山明）
❻名探偵コナン（青山剛昌）　❼仮面ライダー（石ノ森章太郎）

問5

次の漢字の読み方を【　】に記入してください。

❶鷺 ⇒ 【　】　**❷女郎花** ⇒ 【　】
❷賽子 ⇒ 【　】　**❹蛹** ⇒ 【　】
❺煎餅 ⇒ 【　】

50日めの答えは127ページ

STEP10（46日め～50日め）の答え

46日め

問1

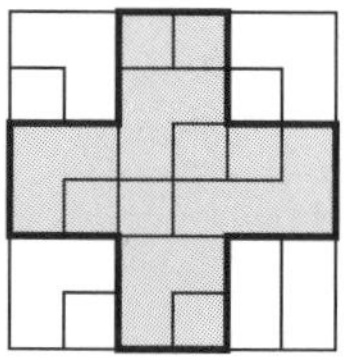

問2

100cm^2

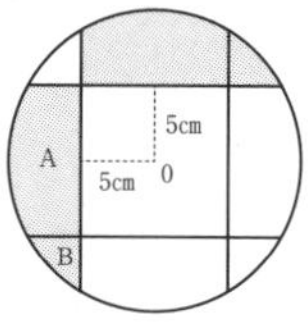

【((10×10×3－10×10)÷2＝100cm^2】

アミがけ部の面積は、Aが2つ、Bが2つです。つまり、円から中央の正方形を引いた面積の半分が答えになります。

問3

❶玉山鉄二
❷吉高由里子
❸杏
❹能年玲奈
❺堀北真希

問4

秋田県・山形県→❼鳥海山
岩手県→❸岩手山
福島県→❶磐梯山
長野県・群馬県→❺浅間山
神奈川県・静岡県→❷箱根山

問5

❶bird
❷chickens
❸speed

47日め

問1

❶勘合
❷今参局《いままいりのつぼね》
❸下克上
❹山名氏清
❺華道《いけばな》

問2

❶タン
❷ハラミ
❸ミノ
❹ハツ
❺シマチョウ

問3

❸

3つのマークは、お互いの位置関係を保ちながら、反時計回りに1つ飛びで移動します。

問4

❶ダメよ～、ダメダメ
❷日本エレキテル連合
❸レジェンド
❹カープ
❺マタハラ
❻昼顔

48日め

問1

❷ 4回

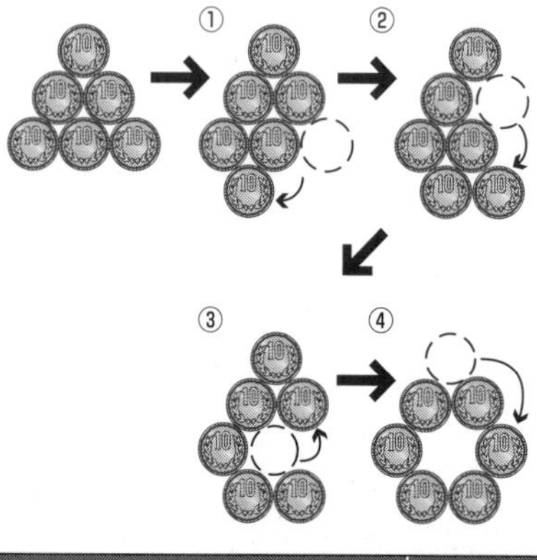

問2

❶合
❷食
❸礼
❹交
❺隔

問3

島根県→❻三瓶山
長崎県→❸雲仙岳
熊本県→❹阿蘇山
鹿児島県→❶桜島
宮崎県・鹿児島県→❷霧島山

問4

❶妖怪ウォッチ
❷ビットコイン
❸ミドリムシ

49日め

問1

15分後（同時に駅に着く）

15分後にケン君が家を出たとき、ミノル君は自宅と駅の中間地点にいます。その15分後に2人は駅に同時に到着します。

問2

❶アオリイカ
❷ダイオウイカ
❸スルメイカ
❹ヤリイカ
❺ホタルイカ

問3

兵庫県→❶鉄腕アトム
佐賀県→❹サザエさん
福岡県→❺銀河鉄道999
鳥取県→❸ゲゲゲの鬼太郎
高知県→❷アンパンマン

問4

❶不動産
❷キャピタルゲイン
❸長期金利
❹ペイオフ

50日め	問1	問2	問3	問4	問5
	87 四角の中の数字は左上から時計回りに「34567890」と1つずつ増え、丸の中の数字は上から時計回りに「086420」と2つずつ減ります。	**18cm²** 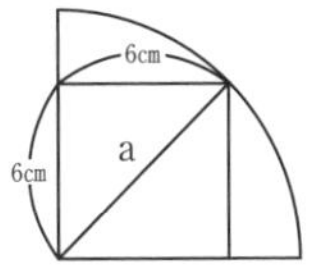 $a^2=6^2+6^2=72$ $\frac{1}{4}\pi a^2=54$（$\frac{1}{4}$の円の面積） $54-36=18$	❶umbrella ❷beach ❸yawn ❹season ❺candle	新潟県→❹ドカベン 宮城県→❼仮面ライダー 富山県→❸ドラえもん 静岡県→❶ちびまるこちゃん 愛知県→❺ドラゴンボール	❶うぐいす ❷おみなえし ❸さいころ ❹さなぎ ❺せんべい

チャレンジ！おまけでQ

Q1

迷路にチャレンジ！直接、書き込みながらGOALを目指してください。

Q2

右の図は、サム・ロイドというアメリカのクイズ作家の有名なパズルを、アレンジしたものです。矢印が示す「こ」からスタートし、すべての文字を「一度だけ」通って、また「こ」に戻ってきてください。すべての文字を正しく経由することができた場合のみ、文字を順番につなげると、意味のある文章になります。

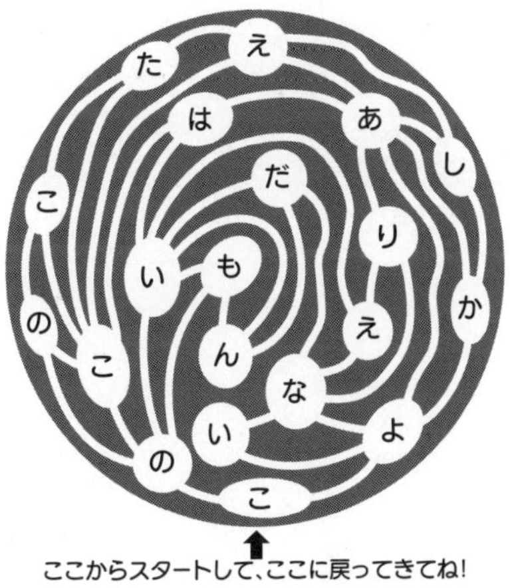

Q1、Q2の答えは次ページに→

127ページの答え

Q1の答え

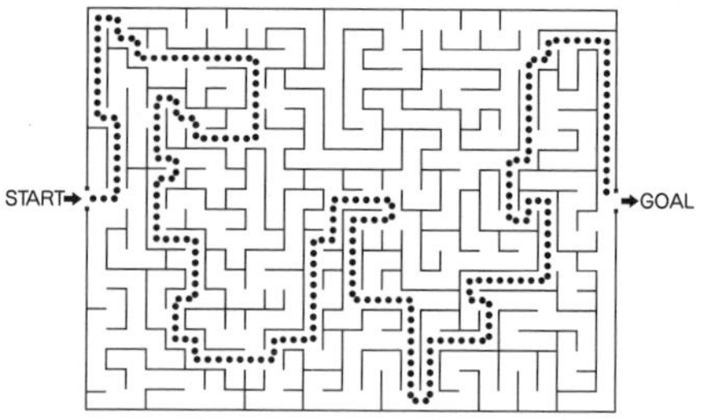

Q2の答え

こ→の→も→ん→だ→い→は→こ→の→
こ→た→え→し→か→あ→り→え→な→い→よ
（＝この問題はこの答えしかありえないよ）

ボケない人
になるドリル

2015年２月５日　　初版発行
2016年10月30日　　７刷発行

著者——児玉光雄

企画・編集——株式会社夢の設計社
東京都新宿区山吹町261
〒162-0801
TEL（03）3267-7851（編集）

発行者——小野寺優
発行所——株式会社河出書房新社
東京都渋谷区千駄ヶ谷2-32-2
〒151-0051
TEL（03）3404-1201（営業）
http://www.kawade.co.jp/

DTP————アルファヴィル
印刷・製本———中央精版印刷株式会社

Printed in Japan ISBN978-4-309-25318-3

なお、本書についてのお問い合わせは、夢の設計社までお願い致します。

●下記の文献等を参考にさせていただきました——
『2015年版ダントツ　一般常識＋時事　一問一答問題集』オフィス海（ナツメ社）／『右脳・左脳開発ドリル』フィリップ・カーター他（ネコ・パブリッシング）／『日本人の常識ドリル——どこまで知っていますか？50テーマ900問』齋藤勝裕（成美堂出版）／『中間・期末の攻略本　教育出版版　中学社会歴史』（文理）

『頭を鍛える右脳フル回転ドリル』児玉光雄（幻冬舎）／『脳を活性化させる！書き込み式地図ドリル最新版』児玉光雄（成美堂出版）／『天才児をつくる子供の右脳ＩＱドリル』児玉光雄／『指先で鍛える右脳ＩＱドリル』児玉光雄（以上、学習研究社）／『集中力をぐんぐん伸ばすプリント』児玉光雄（小学館）／『１日10分合格脳ドリル～集中力・記憶力・判断力がぐんぐん伸びる！』児玉光雄（池田書店）

児玉光雄　こだま・みつお

1947年、兵庫県生まれ。脳活性トレーナー。スポーツ心理学者。京都大学工学部卒。UCLA大学院にて工学修士号取得。住友電気工業研究開発本部に勤務後、米国オリンピック委員会スポーツ科学部門で、最先端のスポーツ科学の研究に従事する。帰国後はスポーツのトッププレーヤーのメンタルトレーナーとして独自のイメージトレーニング理論を開発するとともに、1982年に（株）スポーツ・ソフト・ジャパンを設立。プロスポーツ選手を中心に右脳開発トレーニングに努めている。主な著書に『確実に頭がよくなる！脳活ドリル』（小社刊）、『IQが高くなる1日10問右脳ドリル』（東邦出版）、『脳を活性化させる！書き込み式地図ドリル』（成美堂出版）などがあり、著作物は150冊以上にのぼる。鹿屋体育大学教授を経て、現在は追手門学院大学客員教授。日本スポーツ心理学会会員。
ホームページアドレスは、http://www.m-kodama.com/